JN025529

ナノテクノロジーの基礎

鈴木 仁 著

BASICS OF NANOTECHNOLOGY

森北出版

まえがき
●●●●●●●●

　2000年頃のナノテクノロジーブームから，すでに20年以上が経過した．いまで
は「ナノテクノロジー」と喧伝されることもなくなったが，重要性が低下したわけ
ではなく，多くの技術分野において，その概念や技術は当たり前に利用されるよう
になっている．

　一方で，ナノテクノロジーは物質科学からデバイス技術までの様々な分野に広がっ
ているため，学習しにくい面がある．多岐にわたる分野をカバーするために，大部
の書籍やシリーズ書籍などが出版されているものの，これらは初学者が基礎的な理
解を得るために読むには適していないように思われる．また，先端的な内容も収め
られており，焦ってそれらの理解を目指すことで，基本をおろそかにしてしまうお
それもある．

　本書は，大学の卒業研究などでナノテクノロジーの専門分野にはじめて取り組む
際に必要となる基礎知識を，読者が獲得できることを目的としている．そのために，
以下のトピックスを扱っている．

- 真空の基本的な考え方，真空排気装置や機器の動作原理
- 表面科学の基本的な知識
- ナノ構造や表面の分析技術の原理
- ナノメートルサイズの構造およびそれらの特性
- 分子の構造の基礎や分子の自己組織化構造

　これらの内容は，一見すると様々な個別の知識を集めたもののようであるが，基
本的なメカニズムには共通する部分が多い．それらの物理を理解し，互いに関連づ
けることで，全体像を容易に把握できるようになる．各項目を網羅的に取り扱うこ
とを避け，基本的な概念や装置の原理に絞って解説することで，できるだけそのよ
うな記述になるよう努めたつもりである．また，ナノテクノロジーにおいては，LSI
などの集積回路の微細化も重要な要素の一つであるが，半導体素子のプロセス技術
はそれだけで非常に多くの内容を含み，応用技術と密接に結びつくことも多いため，
ごく概略的な記述に留めるのみとした．

　全体の分量がおよそ 15 回分の講義で扱える量となることを目指したため，不足している項目や記述があることは否めない．学習や研究において，さらに詳細な知識が必要となったとき，本書がそこへの足がかりになれば幸いである．そのために，多くのうちの一部ではあるが，さらに詳しく学ぶための書籍リストを参考文献として付記した．

　最後に，次の方々への感謝を表したい．いくつかの図は，当研究室の学生が研究で取得したデータを使用させてもらった．これらのデータを取得した鈴木修一氏（金ナノ粒子の SEM 像と TEM 像），長友裕太氏（Cu(111) の LEED 像），桝井茜氏（STM プローブの SEM 像），大森裕章氏（自己組織化単分子膜の XPS スペクトル）に感謝する．同じ研究室で学生の指導および研究を共同で進めてくださった髙萩隆行名誉教授，および助教の坂上弘之博士にも感謝する．両先生とともに行った学生の指導や，研究における多くの示唆に富んだ意見や議論は，本書の大きな助けとなった．広島大学放射光科学研究センター HiSOR の写真は，同センターの生天目博文教授にご提供いただいた．森北出版の富井晃氏には，本書の出版の機会を与えていただいたにもかかわらず，非常に長く原稿をお待たせしてしまった．私自身の説明の不十分な点や修正点なども細かく指摘していただき，大変参考になった．本書は，広島大学工学部電気系 3 年次の講義「ナノテクノロジー」において，講義の全体構成がわかりにくいという学生の不満を解消するために作成した配布資料を基としている．彼らの指摘がなければ，本書は生まれなかった．国内外で生活拠点を移す生活において，支えてくれた妻めぐみに感謝する．

　2023 年 11 月

著　者

目　次

第 1 章　はじめに　1

1.1　ナノテクノロジーの歴史 ……………………………………………………… 1
1.2　ナノメートルの世界 …………………………………………………………… 4
1.3　ナノテクノロジーを構成する技術 …………………………………………… 6
　　1.3.1　計測・評価する技術　7
　　1.3.2　作製・加工する技術　8
　　1.3.3　応用する技術　9
1.4　本書の構成 ……………………………………………………………………… 10

第 2 章　真空技術　12

2.1　真空の定義と真空度 …………………………………………………………… 12
2.2　気体の分子運動論 ……………………………………………………………… 14
　　2.2.1　マックスウェル分布　14
　　2.2.2　分子の速度　19
　　2.2.3　壁を叩く分子数（分子の衝突頻度）　21
　　2.2.4　平均自由行程　22
2.3　排気装置 ………………………………………………………………………… 25
　　2.3.1　ロータリーポンプ　25
　　2.3.2　油拡散ポンプ（ディフュージョンポンプ）　26
　　2.3.3　ターボ分子ポンプ　27
　　2.3.4　イオンポンプ（スパッタイオンポンプ）　28
　　2.3.5　チタンサブリメーションポンプ　30
　　2.3.6　真空ポンプの組み合わせ　30
2.4　真空度測定 ……………………………………………………………………… 31

　　2.4.1　ピラニゲージ　31

　　2.4.2　イオンゲージ（熱陰極電離真空計）　31

　　2.4.3　B–A ゲージ　32

　　2.4.4　コールドカソードゲージ（冷陰極電離真空計）　33

　2.5　真空チャンバー　………………………………………………………　34

第3章　表面科学の基礎　37

　3.1　結晶の表面　……………………………………………………………　37

　　3.1.1　ミラー指数　37

　　3.1.2　表面のブラベ格子　39

　3.2　表面超構造の表記法　…………………………………………………　40

　　3.2.1　ウッドの記法　41

　　3.2.2　行列記法　41

　　3.2.3　表面緩和と表面再構成　42

　3.3　逆格子　…………………………………………………………………　43

　3.4　原子レベルの表面形状モデル　………………………………………　47

　3.5　仕事関数と電気陰性度　………………………………………………　48

　3.6　表面準位，表面状態　…………………………………………………　49

　3.7　清浄表面の作製法の例　………………………………………………　52

第4章　表面解析技術　55

　4.1　電子の波動性と平均自由行程　………………………………………　55

　　4.1.1　電子の波動性　55

　　4.1.2　電子の平均自由行程　56

　4.2　電子顕微鏡　……………………………………………………………　58

　　4.2.1　走査型電子顕微鏡　58

　　4.2.2　透過型電子顕微鏡　61

　　4.2.3　特性 X 線による元素分析　64

　4.3　電子線回折　……………………………………………………………　65

4.3.1　電子線回折の原理とエワルド球　　65

4.3.2　低エネルギー電子線回折　　68

4.3.3　反射高エネルギー電子線回折　　72

4.3.4　表面超構造の逆格子　　73

4.4　走査型プローブ顕微鏡　……………………………………　76

4.4.1　走査型トンネル顕微鏡　　76

4.4.2　原子間力顕微鏡　　82

4.5　電子分光技術　……………………………………………　92

4.5.1　分光とは　　92

4.5.2　オージェ電子分光　　94

4.5.3　光電子分光　　95

第5章　ナノ構造の作製技術と特性　　100

5.1　ナノ構造の作製技術　………………………………………　100

5.1.1　作製方法の分類：二つのアプローチ　　100

5.1.2　トップダウン的アプローチ　　101

5.1.3　ボトムアップ的アプローチ　　103

5.2　単一電子トンネル現象　……………………………………　104

5.3　量子ドット　………………………………………………　109

第6章　有機分子　　114

6.1　電子材料としての有機分子　………………………………　114

6.2　共有結合と混成軌道　………………………………………　115

6.3　分子軌道法　………………………………………………　120

6.4　その他の化学結合　…………………………………………　122

6.5　分子の構造　………………………………………………　124

6.6　炭素の同素体材料　…………………………………………　125

第7章 自己組織化 128

7.1 自己組織化とは ……………………………………………… 128

7.2 自己組織化単分子膜 …………………………………………… 132

7.3 基板上での自己組織的な2次元構造の形成 ………………… 135

7.4 DNAによる自己組織化 ……………………………………… 138

付録 電子軌道 ……………………………………………………… 140

参考文献 ……………………………………………………………… 145

索 引 ………………………………………………………………… 148

第**1**章　はじめに

本章では，まず導入として，ナノテクノロジーの技術分野全体について概観する．ナノテクノロジーは，様々な科学技術の発展に伴って近年生まれた，多分野融合的な技術である．そのため，その概念や指し示す範囲は明確に定義されておらず，共通したイメージで捉えられにくい．ここでは，歴史的背景から始めて，ナノテクノロジーを構成する要素技術を3種類に大別して眺めることで，その全体像を把握することにする．

1.1　ナノテクノロジーの歴史

ナノテクノロジー（nanotechnology）という言葉が広く用いられ始めたのは 1990 年代以降であるが，その概念自体は 1959 年に行われたファインマン（R.P. Feynman）†の講演で取り上げられたのが最初であるとされている．この講演はファインマンの著作 [1] に収められており，読むことができる（インターネット上では英語原文の講演内容も手に入る）．そのなかでファインマンは，加工サイズを小さくしていく技術の進歩が大きな可能性を秘めることを述べている．その例として，記録素子を原子のサイズまで小さくできれば，一辺が 1/200 インチの立方体の中に，百科事典の内容すべてを収めることができるという見通しを挙げている．

「ナノテクノロジー」という用語は，1974 年に元東京理科大学教授の谷口紀男が使用したのが最初であるとされている．ただし，多くの研究者がナノテクノロジーという言葉を使い始め，ナノテクノロジーブームのきっかけを作ったのは，ドレクスラー（K.E. Drexler）による『創造する機械』（1986 年）[2] である．この本でドレクスラーは，分子サイズの機械部品を作り，それらを組み合わせることで，様々なものを何でも作り出す微小な機械（ナノマシン），「アセンブラ（assembler）」を作れるようになる，という「夢」を述べている．分子によるベアリングやモーター

---

† 量子電磁力学の研究で 1965 年のノーベル物理学賞を受賞．同年の受賞者はシュウィンガー（J.S. Schwinger）と朝永振一郎．

などを組み合わせて，機械装置を作るという発想である．これは，後で述べるナノメートルサイズの観察技術や材料の発見と相まって，実現性のある夢として受け取られ，ナノテクノロジーへの期待が大きく高められることになった．

　この夢に便乗する形で，2000年，当時の米国クリントン政権は「National Nanotechnology Initiative（2000）」という政策を打ち出した．そのときは，角砂糖1個の中に米国国会図書館の書籍を全部収録できる技術，というわかりやすいたとえを使っている．現在の半導体技術では，電子辞書のマイクロSDカードの中に100冊近い書籍の情報が記録されており，このような予測に現実が追いつきつつあることがわかるだろう．

　このナノテクノロジー政策の駆動力の一つとなったのは，当時の半導体デバイス分野における日本の開発力を脅威とみなした米国内の危機意識である．しかし同時にこの政策は，単に半導体だけに留まらず，様々な分野を横断するナノメートルサイズの材料や加工技術などの開発に重点が置かれたものであった．これは，自己修復する宇宙船材料といったものまでが対象に含まれていたことからもうかがえる．この米国の政策に刺激される形で，欧州や日本を含むアジアの各国でも同様のナノテクノロジーを重視した研究開発がスタートし，世界的なナノテクブームが巻き起こった．

　これらナノテクノロジーの研究開発の基盤となるような，複数の発明や発見が20世紀後半になされたことも，その推進の原動力となった．代表的なものは，1986年のノーベル物理学賞を受賞したビーニッヒ（G. Binnig）とローラー（H. Rohrer）による，走査型トンネル顕微鏡（scanning tunneling microscope：STM）の発明である．この顕微鏡によって，原子一つひとつを実際に画像として観察できることが実証された．また，原子を1個ずつ取り除いたり，移動したり，配置したりといったように，意のままに操作できることが示され，大きなインパクトを与えた．

　ほかには，1996年のノーベル化学賞を受賞したクロトー（H. Kroto），スモーリー（R. Smalley），カール（R. Curl）による，フラーレン（fullerene）C_{60}の発見が挙げられる．フラーレンは，60個の炭素が結合してできた，グラファイト（graphite，黒鉛）やダイヤモンド（diamond）と同じ炭素の同素体である．シート積層構造をもつグラファイトや周期的立体構造をもつダイヤモンドとは異なり，フラーレンは6員環と5員環からなる直径約1 nmのサッカーボール形の構造をとり，超伝導を含む様々な電気伝導特性が報告されている．NECの飯島澄男による1991年のカーボンナノチューブ（carbon nanotube：CNT）の発見も，これが呼び水となってい

る．CNT は，その構造に応じて導電性と半導体性という異なる性質を示すことが報告されており，デバイスへの応用面からも様々な技術的アプローチがなされている．最近では 1 枚のグラファイトシートであるグラフェン（graphene）が注目されており，その研究によりガイム（A. Geim）とノボセロフ（K. Novoselov）が 2010 年のノーベル物理学賞を受賞している．炭素同素体のブームはいまだ継続中といえよう．

また近年，ナノテクノロジーが注目される理由の一つに，シリコンを中心とした半導体デバイス，とくに大規模集積回路（LSI）の微細化技術の限界が見え始めたことがある．インテルのゴードン・ムーアにより提唱されたムーアの法則（Moore's law）は，LSI の集積度に関する予測として有名であるが，それによれば，IC チップに搭載される単位面積あたりのトランジスタの数は，1 年半で 2 倍になるとされる（**図 1.1**）．これはトランジスタ（FET）のサイズを小さくすることで実現されてきたが，2023 年時点でそのプロセスルールは 10 nm 以下になりつつあり，加工技術と物性の面から限界に近いといわれている．LSI の配線パターンは光リソグラフィーで作製されており，その露光過程で使用する光の波長により，パターンの最小寸法は制限を受ける．現在おもに使われているのは紫外線で，最先端の LSI が軟 X 線領域に近い深紫外線を用いてようやく量産化されたところである．それよりさらに波長が短い X 線を使用することは，高難度のプロセス開発と，高いコストを要する．また，絶縁層が薄くなると，量子力学的効果によりトンネル現象で電流が流れるこ

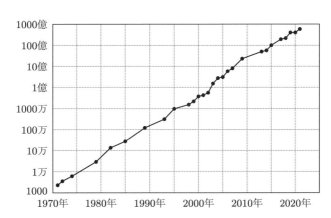

図 1.1　集積回路を構成するトランジスタ数の変化
縦軸はマイクロプロセッサ 1 個あたりのトランジスタ数．ムーアの法則を表している．Our World in Data（https://ourworldindata.org/）から作成[†]．

[†] https://ourworldindata.org/grapher/transistors-per-microprocessor

とも予想され，トランジスタとしての機能が損なわれてしまう．これらの困難を克服するための技術開発が様々に進められているが，ナノテクノロジーによって，従来と違ったアイディアでのブレイクスルーが生まれることが期待されている．

　ナノテクノロジーは現在，それ自体が特別な分野として取り上げられることは少なくなっており，むしろ様々な分野で利用される技術・概念となっている．

note1.1　フィクションの世界におけるナノテクノロジー

　ナノテクノロジーという言葉が一般に使われる前のSF作品として，軌道エレベータ（地球と静止衛星軌道をつなぐエレベータ）を扱ったアーサー・C・クラーク（A.C. Clarke）の『楽園の泉』を挙げることができるだろう．この物語では，ダイヤモンドに近い物質で軌道エレベータの構造を作れるという「if」を想定しているが，高強度であることからCNTがその素材として期待されていることと符合している．また，グレッグ・ベア（G. Bear）の『ブラッド・ミュージック』には，グレイ・グー（grey goo）的なものが出現する．グレイ・グーとは，ナノメートルサイズの物質の自己増殖機能などが暴走した，危険な産物としてドレクスラーが言及しているものである．『ブラッド・ミュージック』では，主人公が開発した生化学物質が，ある種の演算装置としてはたらき，人類や生物の遺伝子を改変し続けて，世界を変えてしまう．グレゴリー・ベンフォード（G. Benford）の『タイムスケープ』における，未来の地球を破滅に直面させている化学物質もこれに近い．おそらくこの物質は化学公害から着想を得ていると思われるが，自己増殖という点ではナノテクノロジーと共通する部分がある．ちなみにベンフォードはカリフォルニア大学の物理学の教授であり，彼の小説を読むと理工系の読者が共感できる場面がいろいろと出てくる．

　ナノテクノロジーブーム後の作品としては，マイクル・クライトン（M. Criton）の『プレイ』にグレイ・グーそのもののようなナノマシンが登場し，その研究に携わっていた関係者が死んでいく．もちろん最近では，ナノテクノロジーやナノマシンという言葉を使ったSF小説は挙げ始めればキリがないほどである．いわゆるハードSFのみならず，ライトノベルなどでも使われ始めている．

　残念ながら，ストーリーを面白くするために，ナノテクノロジーのマイナス面が強調されることが多いが，ほかにも小道具的にナノテクノロジーを想定したような作品はよく見られる．

1.2　ナノメートルの世界

　ナノメートルとはどのくらいのサイズなのか，実世界の様々なものと対比しながら概観してみよう（図1.2）．我々が日常的に識別しているサイズの下限は，ミリメー

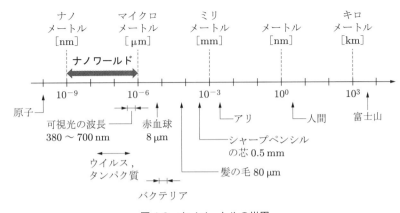

図1.2　ナノメートルの世界

トル（mm）の世界である．その1/1000がマイクロメートル（μm）で，このサイズは光学顕微鏡（optical microscope）によって観察することができる．たとえばヒトの赤血球の大きさが7〜8μm，細菌（バクテリア）の大きさが数μmである．光学顕微鏡の分解能には，回折限界（diffraction limit）とよばれる，光の回折に伴う理論的な限界があり，おおむね光の波長より小さなものは観察できない．ヒトの眼に見える可視光の波長はおおよそ380〜700nmであるから，光学顕微鏡で観察できるサイズも同程度，つまり0.38〜0.7μmくらいまでである．

　一方，ウイルスは数100nmのサイズ，タンパク質分子はおもに100nm以下のサイズである．これらは光学顕微鏡では観察できず，電子顕微鏡（electron microscope）が必要になる．原子はさらに小さく0.1nm（1オングストローム[Å]）のサイズであり，分子はこれら原子が複数個結合することで形成されるので，分子のサイズはおおむね1nm以上と考えられる．ナノテクノロジーが対象とするのは数nmから数100nmの領域であり，したがってこれは分子サイズの世界であるといってよい．分子によってナノマシンを作り出すというドレクスラーの発想が，ナノテクノロジーの呼び名にふさわしいことがわかるだろう．

　ここで，ナノメートルの物質の例として，直径10nmの金Auのナノ粒子（nanoparticle）を考えてみよう．このナノ粒子1個の中に，原子はどのくらい含まれるだろうか？　粒子の体積を計算すると，$524\,\mathrm{nm}^3$である．Auの密度は$19.32\,\mathrm{g/cm}^3$なので，粒子1個の質量はおよそ$1.01 \times 10^{-17}\,\mathrm{g}$となる．アボガドロ数と質量数を用いて計算すると，粒子1個の中にはおよそ3×10^4個（3万個）の原子が含まれていることになる．数万というのは，頑張れば数え上げられる量であるから，原子の

数としてはきわめて少ないといえる．通常の物質は，原子がそれこそ無限ともいえるほど大量に集まってできているから，これほど原子数が少なくなると，通常の物質とは異なる振る舞いを示すようになる．これがナノメートルの世界で見られる特徴の一つである．

また，ナノメートルの世界で見られるもう一つの特徴として，物質の性質がその表面に強く影響される点が挙げられる．半径 r の球の体積は $4\pi r^3/3$ で，表面積は $4\pi r^2$ であるから，体積に対する表面積の比（比表面積）は半径 r に反比例し，サイズが小さくなるほど比表面積は大きくなる．とくに，物質と外部との相互作用は，物質の最外層だけではなく数層内部の原子まで影響が及ぶから，実際には原子数個分の厚さをもつ球殻を「表面」として考える必要があり，その割合はさらに大きくなる．たとえば，上記の例に挙げた Au ナノ粒子の場合であれば，その結晶は面心立方格子で，格子定数は 0.406 nm である．この 0.4 nm（およそ 3 層ぶん）までの厚さを表面として扱うと，全体の体積に占める割合は，

$$\frac{4\pi/3 \times (5^3 - 4.6^3)}{4\pi/3 \times 5^3} \cong 0.22$$

と約 20% にもなる．ナノ粒子を構成する原子 5 個のうち 1 個は，「表面」の原子ということである[†]．このように，ナノメートルの世界では表面を構成している原子の占める割合が非常に多く，その物質の特徴を左右している．そのためナノテクノロジーにおいて，物質の表面の解析は欠くことのできないものとなっている．

1.3 ナノテクノロジーを構成する技術

ナノテクノロジーという語句が指し示す分野は非常に広く，様々な学問分野の研究者が，それぞれ異なるイメージでこの語句を使用している．また，他分野とも密接にかかわっており，研究の進展とともに現在も広がり続けているため，明確に定義づけすることは難しい．しかし，ナノテクノロジーの全体像を構成する技術を，その特徴で分類すると，以下のような 3 種類に大別できると考えられる．

- ナノメートルサイズの材料・構造を計測・評価する技術

[†] ここでは，厳密な数値を使わず，おおざっぱな計算をしているが，このような方法は英語で back-of-the-envelope calculation（封筒裏の計算）とよばれる．有効数字 1 桁程度（場合によってはオーダーだけ）の計算を行い，迅速に見当をつけるということである．様々な場面で役立つ考え方なので，身につけておくとよい．

- ナノメートルサイズの材料・構造を作製・加工する技術
- ナノメートルサイズの材料・構造の物性を応用する技術

ここでは，これら 3 種類の技術について概観していこう．

1.3.1 計測・評価する技術

ナノメートルサイズの材料・構造を計測したり評価したりする技術は，ナノテクノロジーの基本となる技術である．すでに述べたように，光学顕微鏡で観察できる対象の下限は 1 μm 程度である．これより小さい，数 100 nm 以下のものを計測・評価するための技術が，ナノテクノロジーの主要な構成要素の一つとなっている．電子顕微鏡がよく知られているが，これにはいくつかの方式があり，それによって観察対象の得手不得手，制限など，様々に特徴が異なる．また，観察に適したサイズ下限は一般的に 10 nm 程度である．

ナノテクノロジーにおいて，とくに欠かすことができないのが走査型プローブ顕微鏡である．これは，細い針のようなプローブ（探針）で表面をなぞって走査し，きわめて高精度の観察を行うものである．これにもいくつかのバリエーションがあるが，その一つである走査型トンネル顕微鏡は，原子 1 個を観察できる分解能をもっている．また，電子分光技術も表面の計測・評価には有効で，深さ方向に高い分解能をもつ．

これらの計測・評価技術は，半導体材料・デバイスの開発分野においても，デバイス表面の材料分析や加工の評価に用いられている．また，生物・医学分野においても用いられており，とくに走査型プローブ顕微鏡の一種である原子間力顕微鏡は，原子の間にはたらく力を測定できるという利点を活かして，分子間相互作用などを力学的に測定することで，創薬や基礎医学分野の研究にも役立てられている．

なお，これらの多くは電子を用いて観察するため，大気中ではその分子が障害となり使用できない．また，観察対象そのものも大気中の分子で汚染されてしまう．肉眼で見えるサイズの対象物にとっては，表面に吸着した大気中の分子は無視できる小ささであるが，原子・分子レベルのサイズの対象物では，観察するうえで大きな障害となる．そのため，ナノテクノロジーで使用される計測装置の多くは真空状態が必要である．この真空技術も，計測・評価技術の基礎となる．

1.3.2　作製・加工する技術

　材料や構造，あるいは用途に応じて，ナノメートルサイズの作製・加工技術は様々に異なるが，大別するとトップダウンとボトムアップの二つの考え方がある．

　トップダウンとは，大きな材料を加工して，小さな材料や構造を作製する方法である．現在実用されている半導体デバイスは，この考え方に沿った加工法で製造されており，典型例といえる．直径約 30 cm のシリコンウエハに，リソグラフィー技術でトランジスタの配線パターンを描き込み，加工することで半導体メモリや CPU などの LSI が作製されている．2023 年の時点では，最終的に作製されるトランジスタのプロセスルールは 10 nm 程度である．

　ボトムアップとは，トップダウンとは反対に，原子や分子レベルの材料からナノメートルサイズの構造を形成する方法である．液体の中に分散した，直径数 10 nm の金属ナノ粒子や半導体ナノ粒子（量子ドット）は，分子やイオンなどを原料として，化学的な合成で作製されることが多い．基板上の半導体ナノ粒子は，真空機器内での化学気相成長（chemical vapor deposition：CVD）技術によって，材料分子などを基板上に堆積させて作製される．このように作製されたナノ粒子は，その内部に電子が閉じ込められた状態になることで，新しいエネルギー準位を形成し，バルク状態とは異なる特殊な吸光特性や発光特性を示すことが知られている．

　とくに，ボトムアップの典型例といえる自己組織化は様々なアイディアが提案されており，ナノテクノロジーにおいて重要な技術となっている．化学的に合成された有機分子の構造に特定の官能基をもたせることで，それらが引き合って複数の分子が互いに集合するような機能が実現できる．このように集合した分子によって，ナノメートルサイズの構造（基板上での配列構造や，ワイヤ状・チューブ状構造など）を自発的に形成させられることが報告されている．さらには，このような構造そのものがもつ機能を利用する，あるいは形成された集合構造自体の電子特性や構造を鋳型として使うなどのアイディアもある．また，生物内のタンパク質分子は数 nm から数 100 nm の大きさをもち，これらを高度な機能をもつ部品として積極的に利用することも研究されている．このようなタンパク質は，生物内から精製したり，遺伝子情報を用いて大腸菌に合成させたものを精製したりして利用するという方法もある．DNA がもつ，自己組織的に構造を形成する機能を利用するアイディアも報告されている．

　ほかにも，計測装置である走査型トンネル顕微鏡や原子間力顕微鏡を用いて，原子や分子を並べ替えたり，特定の配列を作製したりすることも加工技術の一つである．

このように，様々な方法の中から材料や構造に応じて適したものが用いられるが，逆に目的とする構造に応じた方法・技術の開発も，重要な研究課題となっている．

1.3.3　応用する技術

ナノテクノロジーは，様々な分野の基盤的な技術として応用が期待され，一部はすでに実現されている．ナノテクノロジーと関係がないように見えても，実際には素材の開発などにその技術が活かされているものも多い．おもな分野におけるナノテクノロジーの応用技術を以下に示す．

(1)　電気電子工学分野

現在の電子機器の中で使用されている集積回路は，ナノテクノロジーの応用技術の一部である．集積回路中のトランジスタのサイズを小さくすることで，低消費電力化や CPU の演算能力向上，半導体メモリの記憶容量増大などが期待され，結果として我々が使用するコンピュータやスマートフォンなどの情報端末の性能が向上する．

また，半導体デバイスは通信基地局をはじめとした有線および無線のネットワーク関連機器や，データセンターなどにも組み込まれている．これらの機器の性能向上や低消費電力化は，通信速度向上やデータ量増大といった今後の需要を満たすうえで必須である．

近年注目を集めている，量子情報技術のためのデバイス開発にもナノテクノロジーの応用が期待されている．量子コンピューティングの量子ビットを実現する固体素子のほか，量子暗号通信などで利用される単一光子の発光素子や高感度な受光素子などを実現するうえで，新しい材料や素子構造が研究されており，その基盤的な技術となることが考えられる．

(2)　エネルギー分野

エネルギー分野では，高効率な太陽電池や蓄電池の大容量化・小型化・長寿命化を実現する材料のほか，燃料電池用の新しいセパレータ素材などへのナノテクノロジーの応用が求められている．

とくに蓄電池は，ハイブリッド自動車・電気自動車の動力源の用途や，再生可能エネルギーによる発電設備の電力調整用途として，CO_2 削減による地球温暖化対策のうえで近年重要度が増しているほか，携帯情報端末の電源として電気電子工学分

野でも非常に重要な部品であり，その高性能化が強く望まれている．

(3)　医療・安全衛生分野

　医療・安全衛生分野では，センサー技術への応用が期待される．ナノテクノロジーを用いることで，従来のセンサーより高感度な，きわめて少数の分子（単一分子や数えられる程度の分子）でも検出できるようなセンサーの実現が期待される．したがって，特有のタンパク質を検出することでがんなどの疾患を早期に発見したり，非常に低濃度のガスを検出して安全性を高めたりといったことが可能になると考えられる．

(4)　素材分野

　ナノテクノロジーは，素材分野を通じて，気づきにくいかたちで製品に使われることが多い．カーボンナノチューブは，導電性材料としてポリマーに混合され，導電性ゴムの一種として使用されるほか，電子放出源に用いられて新たなディスプレイデバイス（電界放出ディスプレイ）が試作されている．半導体のナノ粒子である量子ドットは，光学顕微鏡観察で用いる蛍光染色剤や，高効率なレーザー素子の素材として利用される．身近なところでは，酸化チタン（TiO_2）のナノ粒子が日焼け止めの化粧品に使われている．ナノ粒子は感光増感剤やコーティング材料としても使用されており，有機分子材料の自己組織化技術も，表面コーティング材料として汚れの付着を防ぐ膜形成などで使用されている．

1.4　本書の構成

　ナノテクノロジーは日々進歩を続けており，その最先端の技術は数年で大きく変化してしまうこともある．目先の状況にまどわされることなく，さらに先の発展にも備えていくには，最先端の技術を支えている基礎科学や原理を理解しておくことが重要となる．もちろん，新しい技術，新しいナノテクノロジーを生み出すという視点においても，そのような基盤の確立が重要である．

　そこで本書では，ナノテクノロジーを構成する基礎的な技術を，前節で述べた3種類の技術という観点に沿って説明する．本書で扱う内容とこれら3種類の技術との対応関係を，**図**1.3に示す．

　第2章では，真空技術の基本的な知識を扱う．真空技術は，ナノ構造の計測・評

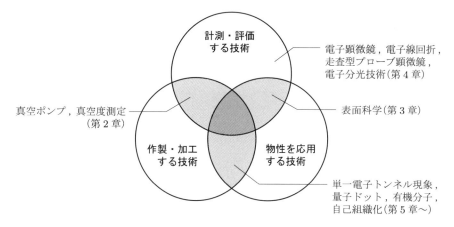

図 1.3 本書で取り扱う内容

価技術で用いられるだけでなく，ナノ材料の作製などでも利用される．このような真空技術を，基本的な概念から理解することを目指す．

第 3 章では，表面科学の基礎について説明する．ナノテクノロジーにおける計測対象は，物質の表面そのもの，あるいは表面に吸着しているものであることも多く，表面についての科学的理解が欠かせない．またこの知識は，ナノテクノロジーで生み出した物質を応用するための基礎としても重要である．

第 4 章では，表面およびナノ構造を解析する技術を扱う．この技術の種類は多く，それらすべてを扱うことはできないので，代表的なものだけを取り上げる．

第 5 章以降では，ナノ構造・材料を作製する技術と，それらの物性を応用する技術を，双方の重なる領域のみに絞って説明する．これら二つの技術は，現在も研究が急速に進展しており，基礎的な理解を得るという目的においては，それぞれを詳しく取り上げるのはふさわしくないと考えるからである．先述したトップダウン，ボトムアップという二つのアプローチについて述べるが，ナノテクノロジーにおいてとくに重要な要素技術となり得る自己組織化と，その基礎となる有機分子については，個別の章を設けて説明する．

第2章 真空技術

ナノテクノロジーでは，材料・構造の分析や作製などの様々な場面で真空が利用される．真空機器は種類によって適用可能な範囲などがそれぞれ異なり，機器の性能を十分発揮させるためにも，また機器の破損を防ぐためにも，その原理を知っておくことが重要である．本章では，真空に関する物理的な理解と，真空を生成するための機器，および真空度を測るための機器について，基礎となる知識を解説する．

2.1 真空の定義と真空度

日常会話では，「真空」は空間に何もないこと，とくに空気がないことを指した表現である場合が多いが，工学的には，**真空**（vacuum）とは「通常の大気圧より低い圧力の気体で満たされた空間の状態」と定義される[†1]．後述するように，空間中に分子が存在すると，その数（密度）に比例して気体の圧力が生じる．その圧力の大きさによって真空の度合い，すなわち**真空度**（degree of vacuum）を表す．したがって，真空度の単位は圧力と同じパスカル [Pa]（$= [N/m^2]$）である．ただし，古い真空機器ではミリバール [mbar] やトール [Torr] が使われていることもあるため，取り扱いの際は注意する必要がある．とくに欧州では，いまでも [mbar] を使用していることが多い[†2]．これらの単位の関係を**表 2.1** に示す．正確な値は表に従って計算すればよいが，[mbar] は [Pa] の 100 倍，[mbar] と [Torr] は桁がほぼ同じ，と覚えておくと感覚的に把握しやすい．

真空は，その圧力範囲に応じて，**図 2.1** のように

- **低真空**（low vacuum）：大気圧（一般的には 100 kPa）未満，100 Pa 以上

---

†1 JIS Z 8126-1

†2 ちなみに，天気予報も以前は気圧の単位に [mbar] を使用していたが，現在は SI 単位である [Pa] が使われている．ただし，10^2 を表す接頭語 h を付け，ヘクトパスカル [hPa] で表すことで，1 気圧 $= 1013$ mbar $= 1013$ hPa と，数字自体は以前と変わらないようにしている．Torr を使えば 1 気圧 $= 760$ Torr である．

表 2.1 圧力の換算表

圧力	換算		
	[Pa]	**[mbar]**	**[Torr]**
1 Pa =	1	0.01	7.5×10^{-3}
1 mbar =	100	1	0.75
1 Torr =	133	1.33	1

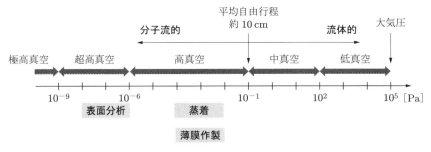

図 2.1 真空のおおよその分類

- **中真空** (medium vacuum)：100 Pa 未満，0.1 Pa 以上
- **高真空** (high vacuum)：0.1 Pa 未満，10^{-6} Pa 以上
- **超高真空** (ultra-high vacuum)：10^{-6} Pa 未満，10^{-9} Pa 以上
- **極高真空** (extreme-high vacuum)：10^{-9} Pa 未満

の五つに分類できる†．0.1 Pa 付近では，気体分子の平均自由行程（後述）が 10 cm 程度になり，おおむねこの圧力を境として気体の振る舞いが変化する．

　真空度が低い気体では，気体分子は互いに頻繁に衝突を繰り返しており，仮に一部の体積中から気体分子を取り除いても，周囲の空間から衝突によってはじき出された分子が押し寄せて，すぐに埋めてしまう．したがって，真空度が低い気体はそれ全体が連続的な，水のような**流体**（fluid）として振る舞う．これは**粘性流**（viscous flow）ともよばれる．

　一方，真空度が高い気体では，分子どうしの衝突はまれにしか起こらず，ある体積中から気体分子を取り除いても，すぐに埋められてしまうことがない．もともとその方向に向かって運動していた分子や，低頻度の衝突で周囲の空間からはじき出された分子によって，徐々にその体積内が埋められていく．このように，真空度が高い気体はそれぞれの分子が独立した，**分子流**（molecular flow）として振る舞う．

---

† JIS Z 8126-1 では，大気圧を「31 kPa～110 kPa」として低真空を定義している．これは陸上で最も高い地点（エベレスト山頂）から最も低い地点（死海）までを含めた大気圧の範囲である．

これは**粒子流**（particle flow）ともよばれる.

2.2　気体の分子運動論

　気体の振る舞いは，分子運動論を用いて物理的に理解することができる．実際の大気中には窒素や酸素，二酸化炭素など，複数の種類の分子が含まれているが，以下では単純化して，単一種類の分子で気体が構成されているとする.

2.2.1　マックスウェル分布

　熱平衡状態にある気体を考える．このとき，気体は全体としては静的な状態にあるように見えても，気体を構成する個々の分子はそれぞれ異なる速度で運動している．分子の大きさと分子間引力が無視できる場合，この分子の速度分布は，次式で表される分布関数に従う.

$$f(v) = \frac{4}{\sqrt{\pi}} \left(\frac{m}{2kT} \right)^{3/2} v^2 \exp \left(-\frac{mv^2}{2kT} \right) \tag{2.1}$$

ここで，m は分子の質量，v は分子の速度，T は絶対温度，k はボルツマン定数（Boltzmann constant）である．これを**マックスウェル分布**（Maxwell distribution）または**マックスウェル‐ボルツマン分布**とよぶ．窒素分子に対するマックスウェル分布の概形を**図2.2**に示す.

　分布関数 $f(v)$ は，$v=0$ から $v=\infty$ まで積分した結果が1となるように規格化されており，分子の速度についての確率密度関数である．すなわち，気体の全分子

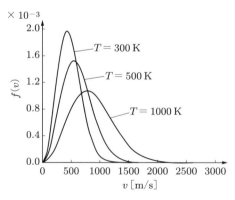

図2.2　マックスウェル分布の概形

数を N とすると，温度 T の熱平衡状態において，速度 v の近傍 dv の範囲にある分子の数は $Nf(v)\,dv$ で表される[†]（以降は，これを単に「速度 v である分子の数」と表現する）．

分子の速度を $\boldsymbol{v} = (v_x, v_y, v_z)$ で表した場合は，$v = |\boldsymbol{v}| = \sqrt{v_x^2 + v_y^2 + v_z^2}$ であり，速度 v の近傍 dv の範囲は，3次元の速度空間 (v_x, v_y, v_z) における半径 v，厚さ dv の球殻に相当する．したがって，この場合の分布関数を $g(v_x, v_y, v_z)$ とすれば，

$$Nf(v)\,dv = Ng(v_x, v_y, v_z) \times 4\pi v^2\,dv \tag{2.2}$$

である．よって，式 (2.1) から

$$g(v_x, v_y, v_z) = \left(\frac{m}{2\pi kT}\right)^{3/2} \exp\left\{-\frac{m(v_x^2 + v_y^2 + v_z^2)}{2kT}\right\} \tag{2.3}$$

となる．これは，

$$g(v_i) = \sqrt{\frac{m}{2\pi kT}} \exp\left(-\frac{mv_i^2}{2kT}\right) \tag{2.4}$$

として，

$$g(v_x, v_y, v_z) = g(v_x)g(v_y)g(v_z) \tag{2.5}$$

と表すこともできる．

マックスウェル分布に従う N 個の気体分子が，体積 V の容器中に閉じ込められているとき，容器の内壁にかかる圧力 p を求めてみよう．ここでは説明を簡単にするため，容器は立方体とし，そのうち一つの面についてのみ考える．

図 2.3 のように，x 軸に垂直な容器壁に質量 m，速度 $\boldsymbol{v} = (v_x, v_y, v_z)$ の分子が壁に当たって跳ね返る（弾性衝突）と考える．ただし，$v_x > 0$ である．衝突後の速度は $\boldsymbol{v'} = (-v_x, v_y, v_z)$ であるから，分子の運動量の変化は x 軸の負方向に $2mv_x$ となる．作用反作用の法則から，壁には分子1個の衝突あたり $2mv_x$ の力積が x 軸の正方向に加えられることになる．

次に，時間 Δt 内に速度 $\boldsymbol{v} = (v_x, v_y, v_z)$ で壁に衝突する分子の数を求める．速度 $\boldsymbol{v} = (v_x, v_y, v_z)$ で運動する分子が時間 Δt 内に壁に衝突するには，分子は壁から距離 $v_x \Delta t$ 内になければならない．この範囲内にある分子の数は，壁の面積を S とす

[†] 連続型確率分布であるので，数学的には「分子が速度 v である確率」は 0 であり，「速度 v である分子の数」を表すことはできない．速度の分布を表すヒストグラムの区間幅をきわめて小さくしていき，そのときの速度 v の区間の粒子数が $Nf(v)\,dv$ であると考えればよい．

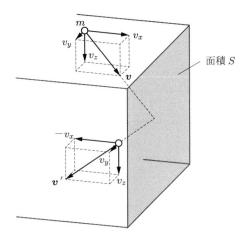

図 2.3　壁に衝突する分子の速度変化

ると $N/V \times Sv_x \Delta t$ である．したがって，時間 Δt 内に速度 $\boldsymbol{v} = (v_x, v_y, v_z)$ で壁に衝突する分子の数は，

$$\frac{N}{V} \times Sv_x \Delta t \times g(v_x, v_y, v_z)\, \mathrm{d}v_x\, \mathrm{d}v_y\, \mathrm{d}v_z$$

$$= Snv_x \Delta tg(v_x, v_y, v_z)\, \mathrm{d}v_x\, \mathrm{d}v_y\, \mathrm{d}v_z \quad (v_x > 0) \tag{2.6}$$

と表される．ここで，$n = N/V$ は単位体積あたりの気体分子の数（数密度）である．

以上から，速度 $\boldsymbol{v} = (v_x, v_y, v_z)$ の分子の衝突により時間 Δt に容器壁に加えられる力積は，

$$2mv_x \times Snv_x \Delta tg(v_x, v_y, v_z)\, \mathrm{d}v_x\, \mathrm{d}v_y\, \mathrm{d}v_z \quad (v_x > 0) \tag{2.7}$$

となる．これをすべての速度範囲にわたって積分して，時間 Δt に容器壁に加えられる力積 I は，

$$\begin{aligned}
I &= \int_0^\infty \mathrm{d}v_x \int_{-\infty}^\infty \mathrm{d}v_y \int_{-\infty}^\infty \mathrm{d}v_z\, 2Smnv_x^2 \Delta tg(v_x, v_y, v_z) \\
&= Smn\, \Delta t \int_{-\infty}^\infty \mathrm{d}v_x \int_{-\infty}^\infty \mathrm{d}v_y \int_{-\infty}^\infty \mathrm{d}v_z\, v_x^2 g(v_x, v_y, v_z) \\
&= Smn\, \Delta t \int_{-\infty}^\infty v_x^2 g(v_x)\, \mathrm{d}v_x \int_{-\infty}^\infty g(v_y)\, \mathrm{d}v_y \int_{-\infty}^\infty g(v_z)\, \mathrm{d}v_z \\
&= Smn\, \Delta t \overline{v_x^2} = Smn\, \Delta t \frac{kT}{m} = Sn\, \Delta tkT \tag{2.8}
\end{aligned}$$

と表される．ここで，$g(v_x, v_y, v_z)$ が偶関数であることと，ガウス積分の公式（note2.1参照）を用いている．また，

$$\overline{v_x^2} = \int_{-\infty}^{\infty} v_x^2 g(v_x)\, \mathrm{d}v_x = \frac{kT}{m} \tag{2.9}$$

は x 軸方向の平均二乗速度である．容器壁に作用する力を F とすると，$I = F\Delta t$ であり，圧力は $p = F/S$ である．したがって，

$$p = \frac{F}{S} = \frac{I/\Delta t}{S} = \frac{SnkT}{S} = nkT \tag{2.10}$$

となり，圧力 p が気体分子の数密度 n に比例することがわかる．また，数密度 n を体積 V と分子数 N で書き直すと，

$$p = nkT = \frac{N}{V}kT = \frac{1}{V}\frac{N}{N_A}N_A kT \tag{2.11}$$

となる．ここで，N_A はアボガドロ定数である．気体分子の物質量（モル数）$n_{\mathrm{mol}} = N/N_A$，気体定数 $R = kN_A$ であることから，以下のように理想気体の状態方程式が導かれる．

$$pV = n_{\mathrm{mol}}RT \tag{2.12}$$

例として，標準状態（1 気圧，0℃）の気体の数密度 n を求めてみよう．式 (2.11) より，

$$n = \frac{p}{kT}$$

に，$p = 1$ 気圧 $= 1.013 \times 10^5$ Pa $(= \mathrm{N/m^2})$，$T = 0℃ = 273$ K，$k = 1.380649 \times 10^{-23}$ J/K $(= \mathrm{N \cdot m/K})$ を代入して，

$$n = 2.7 \times 10^{25}\ \mathrm{m^{-3}} = 2.7 \times 10^{19}\ \mathrm{cm^{-3}}$$

と求められる．つまり，標準状態では $1\ \mathrm{cm^3}$ あたり 2.7×10^{19} 個，およそ $37\ \mathrm{nm^3}$（一辺約 $3.3\ \mathrm{nm}$ の立方体）あたり 1 個の分子が入っていることになる．

note2.1　ガウス積分

式 (2.4) において $\alpha = m/2kT$，$A = \sqrt{\alpha/\pi}$，$v_i = x$ とおくと，次のようになる．

$$A\exp(-\alpha x^2)$$

この形の関数は**ガウス関数**（Gaussian function）とよばれ，マックスウェル分布のほ

か，物理学の様々な場面で現れる大変重要な関数である．このガウス関数の積分公式について，いくつか説明する．

公式 1： $\displaystyle\int_{-\infty}^{\infty} \exp(-\alpha x^2)\,\mathrm{d}x = \sqrt{\frac{\pi}{\alpha}}$

証明：$G = \int_{-\infty}^{\infty} \exp(-\alpha x^2)\,\mathrm{d}x$ として，

$$G^2 = \left\{ \int_{-\infty}^{\infty} \exp(-\alpha x^2)\,\mathrm{d}x \right\}^2 = \int_{-\infty}^{\infty} \exp(-\alpha x^2)\,\mathrm{d}x \int_{-\infty}^{\infty} \exp(-\alpha y^2)\,\mathrm{d}y$$
$$= \int_{-\infty}^{\infty}\mathrm{d}x \int_{-\infty}^{\infty}\mathrm{d}y \exp\{-\alpha(x^2 + y^2)\}$$

について考える．$x = r\cos\theta,\ y = r\sin\theta$ と変数変換すると，次のようになる．

$$G^2 = \int_{-\infty}^{\infty}\mathrm{d}x \int_{-\infty}^{\infty}\mathrm{d}y \exp\{-\alpha(x^2 + y^2)\} = \int_{0}^{2\pi}\mathrm{d}\theta \int_{0}^{\infty} r \exp(-\alpha r^2)\,\mathrm{d}r$$
$$= \frac{\pi}{\alpha}$$

よって，公式 1 が成り立つ．

公式 2： $\displaystyle\int_{-\infty}^{\infty} x^2 \exp(-\alpha x^2)\,\mathrm{d}x = \frac{1}{2}\sqrt{\frac{\pi}{\alpha^3}}$

証明：公式 1 において，α を変数とみなして両辺を微分する．

$$\frac{\mathrm{d}}{\mathrm{d}\alpha} \int_{-\infty}^{\infty} \exp(-\alpha x^2)\,\mathrm{d}x = \frac{\mathrm{d}}{\mathrm{d}\alpha}\sqrt{\frac{\pi}{\alpha}}$$
$$-\int_{-\infty}^{\infty} x^2 \exp(-\alpha x^2)\,\mathrm{d}x = -\frac{1}{2}\sqrt{\frac{\pi}{\alpha^3}}$$

よって，公式 2 が成り立つ．

公式 1，2 および $\alpha = m/2kT,\ A = \sqrt{\alpha/\pi}$ を用いると，

$$\int_{-\infty}^{\infty} g(v_x)\,\mathrm{d}v_x = \int_{-\infty}^{\infty} g(v_y)\,\mathrm{d}v_y = \int_{-\infty}^{\infty} g(v_z)\,\mathrm{d}v_z$$
$$= \int_{-\infty}^{\infty} A\exp(-\alpha v_i^2)\,\mathrm{d}v_i = A\sqrt{\frac{\pi}{\alpha}} = 1$$
$$\int_{-\infty}^{\infty} v_x^2 g(v_x)\,\mathrm{d}v_x = \int_{-\infty}^{\infty} A v_x^2 \exp(-\alpha v_x^2)\,\mathrm{d}v_x = \frac{A}{2}\sqrt{\frac{\pi}{\alpha^3}} = \frac{1}{2\alpha} = \frac{kT}{m}$$

となる．第 1 式は，各軸の速度分布 $g(v_i)$ の全範囲の積分結果が 1 に規格化されており，$g(v_i)$ が i 軸方向の速度についての確率密度関数であることを表している．したがって第 2 式は，v_x^2 の期待値，すなわち x 軸方向の平均二乗速度を表す．式 (2.8) の積分は，これらを代入すれば求められる．

ちなみに，ガウス関数は偶関数なので，次式が成り立つ.

公式 3： $\displaystyle\int_0^\infty \exp(-\alpha x^2)\,\mathrm{d}x = \frac{1}{2}\sqrt{\frac{\pi}{\alpha}}$

公式 4： $\displaystyle\int_0^\infty x^2 \exp(-\alpha x^2)\,\mathrm{d}x = \frac{1}{4}\sqrt{\frac{\pi}{\alpha^3}}$

また，$x\exp(-\alpha x^2)$ の積分は，$x^2 = t$ と変数変換して次のようになる.

公式 5： $\displaystyle\int_0^\infty x \exp(-\alpha x^2)\,\mathrm{d}x = \frac{1}{2}\int_0^\infty \exp(-\alpha t)\,\mathrm{d}t = \frac{1}{2\alpha}$

奇関数であることから，

公式 6： $\displaystyle\int_{-\infty}^\infty x \exp(-\alpha x^2)\,\mathrm{d}x = 0$

は明らかである. さらに，公式 4, 5 において，α を変数とみなして両辺を微分することで，それぞれ次式が得られる.

公式 7： $\displaystyle\int_0^\infty x^4 \exp(-\alpha x^2)\,\mathrm{d}x = \frac{3}{8}\sqrt{\frac{\pi}{\alpha^5}}$

公式 8： $\displaystyle\int_0^\infty x^3 \exp(-\alpha x^2)\,\mathrm{d}x = \frac{1}{2\alpha^2}$

2.2.2　分子の速度

マックスウェル分布を用いて，分子の速度に関する様々な統計的指標を求めることができる. **平均二乗速度**（mean square speed）$\overline{v^2}$ は，

$$\overline{v^2} = \int_0^\infty v^2 f(v)\,\mathrm{d}v = \frac{3kT}{m} \tag{2.13}$$

で，**平均速度**（mean speed）$\overline{v}$ は，

$$\overline{v} = \int_0^\infty v f(v)\,\mathrm{d}v = \frac{2}{\sqrt{\pi}}\sqrt{\frac{2kT}{m}} = \sqrt{\frac{8kT}{\pi m}} \tag{2.14}$$

である（それぞれ note2.1 の公式 7, 8 を用いて求められる）.

　最確速度（most probable speed）v_m は，マックスウェル分布において最も分子数の多い速度であり，$\partial f(v)/\partial v = 0$ の条件から，

$$v_\mathrm{m} = \sqrt{\frac{2kT}{m}} \tag{2.15}$$

となる. 二つの分子の**平均相対速度**（mean relative velocity）$\overline{v_\mathrm{r}}$ は，平均速度 $\overline{v}$ を

使って

$$\overline{v_\mathrm{r}} = \sqrt{2}\sqrt{\frac{8kT}{\pi m}} = \sqrt{2}\,\overline{v} \tag{2.16}$$

と表される.

note2.2 平均相対速度の導出

同一質量 m で,速度 $\boldsymbol{v}_1$,$\boldsymbol{v}_2$ の二つの分子について考える.二つの分子の重心の速度は,

$$\boldsymbol{V} = \frac{m\boldsymbol{v}_1 + m\boldsymbol{v}_2}{2m} = \frac{\boldsymbol{v}_1 + \boldsymbol{v}_2}{2}$$

で,相対速度は,

$$\boldsymbol{v}_\mathrm{r} = \boldsymbol{v}_2 - \boldsymbol{v}_1$$

である.したがって,

$$\boldsymbol{v}_1 = \boldsymbol{V} - \frac{\boldsymbol{v}_\mathrm{r}}{2}, \quad \boldsymbol{v}_2 = \boldsymbol{V} + \frac{\boldsymbol{v}_\mathrm{r}}{2}$$

$$\begin{pmatrix} \boldsymbol{v}_1 \\ \boldsymbol{v}_2 \end{pmatrix} = \begin{pmatrix} 1 & -1/2 \\ 1 & 1/2 \end{pmatrix} \begin{pmatrix} \boldsymbol{V} \\ \boldsymbol{v}_\mathrm{r} \end{pmatrix} = J \begin{pmatrix} \boldsymbol{V} \\ \boldsymbol{v}_\mathrm{r} \end{pmatrix}$$

であるから,変数変換 $(\boldsymbol{v}_1, \boldsymbol{v}_2) \to (\boldsymbol{V}, \boldsymbol{v}_\mathrm{r})$ のヤコビ行列式（ヤコビアン）は次のようになる.

$$\det J = \det \begin{pmatrix} 1 & -1/2 \\ 1 & 1/2 \end{pmatrix} = 1 \cdot \frac{1}{2} - \left(-\frac{1}{2}\right) \cdot 1 = 1$$

式 (2.3) の分布関数を,質量も明示して

$$g(\boldsymbol{v}, m) = \left(\frac{m}{2\pi kT}\right)^{3/2} \exp\left(-\frac{m\,|\boldsymbol{v}|^2}{2kT}\right)$$

と表し,平均相対速度を求めると,

$$\begin{aligned}
\overline{v_\mathrm{r}} &= \int \mathrm{d}\boldsymbol{v}_1 \int \mathrm{d}\boldsymbol{v}_2 \, |\boldsymbol{v}_2 - \boldsymbol{v}_1| \, g(\boldsymbol{v}_1, m) g(\boldsymbol{v}_2, m) \\
&= \int \mathrm{d}\boldsymbol{v}_1 \int \mathrm{d}\boldsymbol{v}_2 \, |\boldsymbol{v}_2 - \boldsymbol{v}_1| \left(\frac{m}{2\pi kT} \cdot \frac{m}{2\pi kT}\right)^{3/2} \exp\left\{-\frac{m\,(|\boldsymbol{v}_1|^2 + |\boldsymbol{v}_2|^2)}{2kT}\right\} \\
&= \det J \int \mathrm{d}\boldsymbol{V} \int \mathrm{d}\boldsymbol{v}_\mathrm{r} \, |\boldsymbol{v}_\mathrm{r}| \left(\frac{2m}{2\pi kT} \cdot \frac{m/2}{2\pi kT}\right)^{3/2} \exp\left\{-\frac{m(2|\boldsymbol{V}|^2 + |\boldsymbol{v}_\mathrm{r}|^2/2)}{2kT}\right\} \\
&= \int \mathrm{d}\boldsymbol{V} \int \mathrm{d}\boldsymbol{v}_\mathrm{r} \, |\boldsymbol{v}_\mathrm{r}| \, g(\boldsymbol{V}, M) g(\boldsymbol{v}_\mathrm{r}, \mu)
\end{aligned}$$

となる．ここで，$M = 2m = m + m$ は二つの分子の合計質量，$\mu = m/2 = m^2/2m$ は換算質量である[†]．$\int g(\boldsymbol{V}, M)\, \mathrm{d}\boldsymbol{V} = 1$ であるから，上式は

$$\overline{v_\mathrm{r}} = \int |\boldsymbol{v}_\mathrm{r}|\, g(\boldsymbol{v}_\mathrm{r}, \mu)\, \mathrm{d}\boldsymbol{v}_\mathrm{r}$$

となり，これを分子の平均速度

$$\overline{v} = \int |\boldsymbol{v}|\, g(\boldsymbol{v}, m)\, \mathrm{d}\boldsymbol{v}$$

と比較すると，$v \to v_\mathrm{r}$，$m \to \mu$ と置き換えればよいことがわかる．したがって，式 (2.14) より，

$$\overline{v_\mathrm{r}} = \sqrt{\frac{8kT}{\pi m/2}} = \sqrt{2}\,\sqrt{\frac{8kT}{\pi m}} = \sqrt{2}\,\overline{v}$$

と求められる．

2.2.3 壁を叩く分子数（分子の衝突頻度）

壁を叩く分子数を計算しよう．これは気体分子が表面に吸着し，被覆するのにかかる時間や，真空ポンプによる気体分子の排気の限界を考える基礎となる．

2.2.1 項の議論より，分子数密度 n の気体が，面積 S に時間 Δt の間に衝突する分子数 N' は，式 (2.6) をすべての速度範囲にわたって積分すればよく，次式で求められる．

$$\begin{aligned}
N' &= \int_0^\infty \mathrm{d}v_x \int_{-\infty}^\infty \mathrm{d}v_y \int_{-\infty}^\infty \mathrm{d}v_z \; Sn v_x \Delta t\, g(v_x, v_y, v_z) \\
&= Sn\Delta t \int_0^\infty v_x g(v_x)\, \mathrm{d}v_x \int_{-\infty}^\infty g(v_y)\, \mathrm{d}v_y \int_{-\infty}^\infty g(v_z)\, \mathrm{d}v_z \\
&= Sn\Delta t \sqrt{\frac{m}{2\pi kT}} \int_0^\infty v_x \exp\left(-\frac{mv_x^2}{2kT}\right) \mathrm{d}v_x \\
&= Sn\Delta t \sqrt{\frac{kT}{2\pi m}}
\end{aligned} \tag{2.17}$$

つまり，単位面積に単位時間あたり衝突する分子数 N_n は，

[†] 合計質量 M と換算質量 μ を用いると，二つの分子の運動エネルギーの和は次のようになる．

$$\frac{1}{2}mv_1^2 + \frac{1}{2}mv_2^2 = \frac{1}{2}MV^2 + \frac{1}{2}\mu v_\mathrm{r}^2$$

このように全運動エネルギーは，重心の運動エネルギーと相対運動のエネルギーの和で表される．

$$N_n = \frac{N'}{S\Delta t} = n\sqrt{\frac{kT}{2\pi m}} \left(= \frac{1}{4}n\overline{v} \right) \tag{2.18}$$

となり，式 (2.10) を用いると，

$$N_n = \frac{p}{kT}\sqrt{\frac{kT}{2\pi m}} = p\sqrt{\frac{1}{2\pi mkT}} \tag{2.19}$$

となる．

さらに，分子の質量 m [kg] を分子量 $M = m \times 6.02 \times 10^{23} \times 1000$ に置き換えると，

$$N_n\,[\mathrm{m^{-2} \cdot s^{-1}}] = 2.6 \times 10^{24} \times \frac{p\,[\mathrm{Pa}]}{\sqrt{MT}} \tag{2.20}$$

となる．

この式を用いて，表面への分子の吸着数を計算してみよう．表面として Au の (100) 面と仮定すると，そこに存在する原子数はおよそ 10^{19} 個/$\mathrm{m^2}$ である．一方，温度 300 K，圧力 10^{-4} Pa の窒素分子が毎秒 1 $\mathrm{m^2}$ に衝突する頻度は，式 (2.20) からおよそ 3×10^{18} 個と推定できる．表面の原子一つに対して気体分子が衝突したとき，100% の確率で分子が吸着するという極端な条件を仮定すると，約 3 s で全面を覆い尽くすことになる．大気圧は 10^5 Pa なので，そのときは 3×10^{-9} s で覆い尽くす．超高真空である 10^{-8} Pa にすると，すべてを覆い尽くすために 3×10^4 s，すなわちおよそ 8 時間を要する．つまり，真空度が高いほど，表面は気体分子によって汚染されにくく長い時間清浄に保たれる．したがって，分析に必要な時間（数時間）表面を本来の状態のまま清浄に保つためには，超高真空環境が必要である．

また，高真空以上の真空度での真空ポンプによる排気速度自体も，この式を基に考えることができる．分子流的な圧力下では，真空ポンプの吸気口に入ってきた分子だけが真空容器から排気される．この排気速度は，真空ポンプの吸気口の面積と，上記の分子の衝突頻度により決まる．式 (2.19) より，この頻度は高い真空度になるほど減少するため，排気される分子数は減っていく．

2.2.4 平均自由行程

気体分子の**平均自由行程**（mean free path）は，運動する気体分子が，ある気体分子に衝突してから別の気体分子に衝突するまでに進む距離の平均値である．これは以下のような簡単なモデルで見積もることができる．

　気体分子を半径 r の球体であると考える．このとき分子どうしは，その中心間距離が $2r$ 以内であれば接触する．よって図 2.4 のように，運動する分子は自身が描く半径 $2r$ の円筒内に中心をもつ分子と衝突する．速度 v で運動する分子が単位時間に描く円筒形の体積は $4\pi r^2 v$ であるから，単位時間あたりの平均衝突回数はこの体積中の分子数に等しく，円筒形の体積に分子の数密度 n を掛けて $4\pi r^2 vn$ となる．したがって，ある衝突から次の衝突までの平均時間間隔は，その逆数をとって $1/4\pi r^2 vn$ と表される．

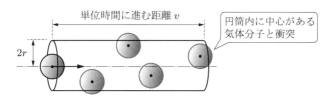

図 2.4　分子の衝突と平均自由行程の考え方

　ただし上記は，1 個の分子だけが速度 v で運動していて，その他すべての分子が静止している場合であることに注意が必要である．これは，1 個の分子が平均相対速度 $\overline{v_{\mathrm{r}}}$ で運動し，その他の分子が静止していると考えればよい．すなわち，衝突の平均時間間隔 Δt は

$$\Delta t = \frac{1}{4\pi r^2 \overline{v_{\mathrm{r}}} n} \tag{2.21}$$

となる．定義より，平均自由行程はこの時間 Δt の間に分子が進む平均距離に等しいから，平均速度 $\overline{v}$ を用いて $\overline{v}\,\Delta t$ と表される．式 (2.16) より $\overline{v_{\mathrm{r}}} = \sqrt{2}\,\overline{v}$，式 (2.10) より $n = p/kT$ を用いて，平均自由行程 λ は次式のように求められる．

$$\lambda = \overline{v}\,\Delta t = \frac{\overline{v}}{4\pi r^2 \overline{v_{\mathrm{r}}} n} = \frac{1}{4\sqrt{2}\,\pi r^2}\frac{kT}{p} \tag{2.22}$$

　原子の大きさはおよそ 0.1 nm なので，分子の大きさを $r = 0.2$ nm とすれば，$T = 0^\circ\mathrm{C} = 273$ K として，$\lambda = 5.3 \times 10^{-3}/p$ [m] となる．一般によく使用される平均自由行程と圧力の関係式は，

$$\lambda\,[\mathrm{cm}] = \frac{0.66}{p\,[\mathrm{Pa}]} \tag{2.23}$$

である．大気圧（$p = 1.013 \times 10^5$ Pa）では，λ は約 66 nm となり，10^{-1} Pa では 6.6 cm，10^{-3} Pa では 6.6 m となる．

　10^{-1} Pa では，平均自由行程が 10 cm 近くになり，これは「目に見えるサイズの範囲」で分子が互いにほとんど衝突しないことを表す．このとき気体は流体的ではなく，分子流に近いものになっている．10^{-3} Pa では，平均自由行程は 6.6 m と通常使用される真空容器のサイズよりも長くなる．これは，分子が互いに衝突することなく，容器内壁に衝突することを示している．

　平均自由行程 λ の意味を，視点を変えてもう少し考えてみよう．分子は，距離 λ だけ移動すると平均 1 回の衝突をするから，単位距離あたりの衝突回数の期待値は $1/\lambda$ である．よって，ある距離 dx だけ移動したときの衝突回数の期待値は $(1/\lambda)\,dx$ となる．dx が十分短ければ，その間に衝突は 1 回起きるか，起きないかのどちらかであるから，$(1/\lambda)\,dx$ は，距離 dx の移動ごとの衝突の生起確率と考えることができる．

　したがって，分子がある距離 $x = n\,dx$ だけ移動するまでに 1 回も衝突していない確率 $P(x)$ は，

$$P(x) = \left(1 - \frac{1}{\lambda}\,dx\right)^n = \left(1 - \frac{x}{n\lambda}\right)^n \tag{2.24}$$

と表され，十分長い距離（$n \to \infty$）では，

$$\lim_{n \to \infty} P(x) = \lim_{n \to \infty}\left(1 - \frac{x}{n\lambda}\right)^n = \lim_{s \to 0}(1 + s)^{-x/\lambda s} = \mathrm{e}^{-x/\lambda} \tag{2.25}$$

となる．ここで，$s = -x/n\lambda$ と置き換え，ネイピア数の定義 $\mathrm{e} = \lim_{s \to 0}(1 + s)^{1/s}$ を用いた．最初に N_0 個の分子があったとすれば，距離 x 移動したときに 1 回も衝突していない分子の数 $N(x)$ は，

$$N(x) = N_0\,\mathrm{e}^{-x/\lambda} \tag{2.26}$$

となる．

　式 (2.26) を導いた議論は，衝突までの平均移動距離という平均自由行程の定義のみに基づいているから，気体分子に限らず様々な場合に適用可能である．たとえば，ある領域に入射する粒子が，領域中の散乱源と衝突する場合についても同様に考えることができる．この場合，式 (2.26) は，最初 N_0 個で入射した粒子が，散乱を受けて入射粒子から徐々に除かれ，距離 x に伴ってその数が減少していく様子を示す．このとき平均自由行程 λ は，入射した粒子数が初期値の $1/\mathrm{e}$ になる距離であることがわかる．これは，第 4 章で述べる物質中に入射した電子数を考えるうえで重要となる．

2.3 排気装置

　真空に排気するための装置は**真空ポンプ**（vacuum pump）とよばれ，様々な種類が存在する．これらはそれぞれに特徴をもち，使用できる真空度や到達できる真空度が異なっている．そのため実験では，目的とする真空度に応じて複数の真空ポンプを組み合わせて用いる必要がある．所望の真空状態の実現に適した組み合わせを選択するためにも，また，操作手順を間違えたり装置を破損させたりする危険性を減らすためにも，使用する真空ポンプのメカニズムを理解しておくことが重要である．そこで本節では，実験室で日常的に用いられる，いくつかの代表的な真空ポンプのメカニズムについて解説する．

　なお，以下で述べる真空度はおおよその目安である．実際には，それぞれのメーカーの仕様を確認したうえで，提供されている排気速度の設計値（おもにポンプの大きさと対応している）を参考に，最も効率的な排気を実現できる組み合わせを選択して使用することが求められる．

2.3.1 ロータリーポンプ

　ロータリーポンプ（rotary pump，**図 2.5**）は，油回転ポンプともよばれる最も基本的な排気ポンプである．大気圧から使用でき，到達真空度は 10^{-1} Pa 程度である．このポンプは，モーターによってローターを回転させ，ローターに付いているベーンとよばれる羽と，内壁で囲まれた体積内の気体分子を押し出すようにして排気する（**図 2.6**）．モーターを使用するため，このポンプでは機械的な振動や音の発

図 2.5　ロータリーポンプ

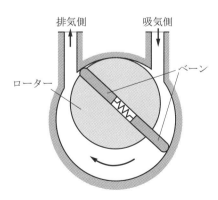

図 2.6　ロータリーポンプの構造の模式図

生を避けることができない．したがって，振動を嫌う分析装置などでは，この振動を抑える工夫（排気パイプをおもりで押さえるなど）をする必要がある．ベーンと内壁のすき間から気体が漏れないようにするシールの目的と，部品間の潤滑の目的でオイルを使用するため，排気側および吸気側への微量のオイルの拡散が生じる．

　また，真空容器に接続したままロータリーポンプを停止すると，使用しているオイルが吸気側に吸い込まれ，真空容器内に逆流する危険性がある．したがって，ロータリーポンプを停止するときには，バルブによって真空容器を閉鎖した後に，ロータリーポンプの吸気側も大気圧に戻す手順を踏む．

2.3.2　油拡散ポンプ（ディフュージョンポンプ）

　油拡散ポンプ（oil diffusion pump）は，名前のとおりオイル分子の拡散を利用したポンプである．このポンプの使用できる範囲は $10^{-1} \sim 10^{-6}$ Pa である．

　このポンプはおもに，オイルを加熱するヒーターと，蒸発したオイル分子を跳ね返す傘状の構造体からなる．底面に設置されたヒーターによってオイルを加熱すると，蒸発したオイル分子が高速のジェットとなって上昇する．このオイル分子は傘状の構造体によって跳ね返され，周囲の気体分子に衝突する．これにより運動量を与えることで，気体分子を下側（排気側）へ移動させるという原理である（**図 2.7**）．吸気側へのオイル分子の拡散を防ぐために，外側を冷却水や液体窒素によって冷却する．機械的に運動する部分をもたず，動作時に振動がほとんどないという特徴があるため，電子顕微鏡など振動を嫌う装置の排気系としてよく利用されてきた．機

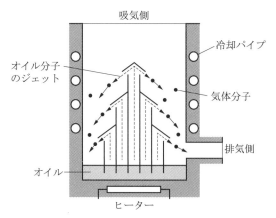

図 2.7　油拡散ポンプの構造の模式図

構が単純でメンテナンスも比較的楽であることから，広く用いられているが，使用
しているオイルによる微量の汚染を避けられないという欠点もある．また，気体が
分子流的な状態でないと，運動量を与えて移動させることができないため，大気圧
に近い圧力では使用できない．したがって，ロータリーポンプなどによってあらか
じめ使用できる圧力まで予備排気してから，動作させる必要があるとともに，この
ポンプ単独では大気圧へ気体分子を排気する（押し出す）ことができないため，油
拡散ポンプの排気側にロータリーポンプなどを接続して排気する必要がある．

2.3.3 ターボ分子ポンプ

ターボ分子ポンプ（turbo molecular pump：TMP，図2.8）は，複数の固定さ
れた羽と1分間に数万回転（回転数はポンプサイズなどに依存する）する複数の羽
を交互に組み合わせたポンプである．使用できる圧力範囲は$1 \sim 10^{-7}$ Pa程度であ
る．固定羽と回転羽の傾きは逆向きになっており，この構造によって吸気側から排気
側へ移動する運動量をもつ分子は通過しやすくなっている．一方，排気側から入っ
てくる気体分子は，回転羽によって跳ね返されるために，通過しにくい傾向をもつ
（図2.9）．このように，気体が分子流的に振る舞う圧力範囲において，個々の気体
分子の通り抜けやすさを非対称とし，一種のフィルターのように動作することで排
気する．羽が回転するため，扇風機や水中のスクリューのようなイメージをもちや
すいが，流体的な振る舞いをする気体の圧力範囲で高速回転させるとモーターが過
負荷になり，ポンプが壊れる．実際の動作圧力範囲は分子流的な範囲が中心であり，
真空容器からポンプ内に入ってきた分子を戻さないという効果で，少しずつ真空容
器から気体分子を取り除いていくというメカニズムである．

図2.8 ターボ分子ポンプ

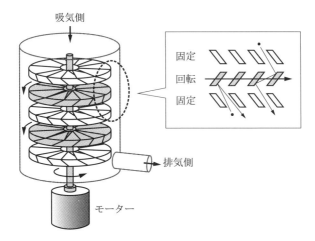

図 2.9　ターボ分子ポンプの構造の模式図

このようにターボ分子ポンプも，大気圧ではモーターの負荷が大きくなりすぎるために使用できず，あらかじめロータリーポンプなどで予備排気を行う必要がある．また，単独で大気圧中へ気体分子を排気できないために，排気側にロータリーポンプを接続して使用する．高速で羽を回転させるために，ある程度の機械的振動は避けられないが，ポンプ自体の制震性の向上や除振装置の発達により，電子顕微鏡などの分析装置においても使われることが多い．油拡散ポンプと違って，吸気側へのオイルの汚染がないこともメリットとなっている．

2.3.4　イオンポンプ（スパッタイオンポンプ）

イオンポンプ（ion pump）または**スパッタイオンポンプ**（sputter ion pump）は，真空容器から大気中へ気体分子を運び出すポンプではなく，ポンプの中に気体分子を吸着させて，容器内の気体分子を減らす「ため込み型」のポンプである（**図 2.10**）．使用範囲は 10^{-2}～10^{-9} Pa である．超高真空を実現するために使われるポピュラーなポンプであるが，大量の気体分子をため込むことは苦手である．したがって，ロータリーポンプやターボ分子ポンプなどで排気し，適当な真空度に到達した後に，最終的な高い真空度へ到達させ，それを維持するために使用することが多い．

ポンプ自体に機械的な駆動部分はなく，**図 2.11** に示すように，ハニカム状になったステンレス製の陽極を，2枚のチタン製の陰極と，永久磁石で挟み込んだ構造となっている．電極間には 3000～7000 V の電圧が印加され，放電が発生して陰極から電子が放出される．放出された電子は印加電圧によって加速され，中空の陽極内

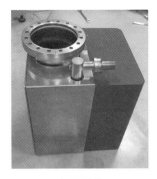 

（a）外観 （b）内部

図 2.10 イオンポンプ

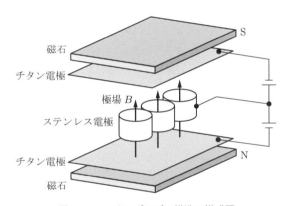

図 2.11 イオンポンプの構造の模式図

を通り抜けて陰極間を往復する．この運動の途中で，電子は気体分子に衝突し，これをイオン化する．永久磁石の磁場により，らせん軌道を描くように電子を運動させることで，気体分子との衝突頻度を高めている．

　イオン化した気体分子は，印加電圧により加速されてチタン陰極に衝突し，表面の原子をはじき飛ばす（スパッタリングする）．これにより露出した新しいチタン表面は活性が高く，気体分子を吸着する．また，はじき飛ばされたチタンは周囲に堆積し，それらも気体分子を吸着する．このように，活性な固体表面が気体分子を吸着する性質（ゲッター作用という）を利用して排気を行う仕組みである．

　機械的に運動する部分がなく，振動が発生しないため，電子顕微鏡の電子銃部分や走査型プローブ顕微鏡などの，振動を嫌い，高い真空度を必要とする装置の排気に使用されることが多い．また，電極間に流れる電流はイオン化された気体分子の

量に対応するため，次節でも述べるようにこの電流を測定して換算すれば，真空度を推定することができる．

2.3.5　チタンサブリメーションポンプ

　チタンサブリメーションポンプ（titanium sublimation pump：TSP）も，チタンのゲッター作用によるため込み型ポンプである．棒状のチタンのフィラメント（図 2.12）に数 10 A（多くは 50 A 程度）の電流を流し，チタンを加熱昇華させる．このチタンをポンプのチャンバー内壁などに蒸着し，蒸着膜に気体分子を吸着することで排気を行う．チタンを蒸着する内壁部分を液体窒素によって冷却すれば，吸着効率をさらに高めることができる．加熱時には大きな電流を流すために電源を含めて音が発生することがあるが，通常は機械的な振動が発生しない．

　このポンプは，金属原子を昇華（sublimation）させるため，気体分子の多い状態では使用できず，また気体分子を多くため込むこともできないため，超高真空を維持する場合に補助的に使用される．通常は，イオンポンプで超高真空を維持しておき，その真空度が悪くなってきたときに使用し（チタンを蒸着し），真空度が回復するのを待つ．使用できる範囲は $10^{-4}\sim10^{-9}$ Pa である．

図 2.12　チタンサブリメーションポンプのフィラメント

2.3.6　真空ポンプの組み合わせ

　高真空以上の真空を得るには，複数の真空ポンプを組み合わせる必要がある．典型的な例では，ロータリーポンプを使用して大気圧からの初期排気を行い，ターボ分子ポンプに切り替える．その後，イオンポンプとチタンサブリメーションポンプを使用して，さらに高い真空度へと到達させる．この組み合わせ例の場合，10^{-8} Pa 程度まで到達可能である．そのほかの真空ポンプとしては，スクロールポンプやメカニカルブースターポンプなどがあり，用途に応じて利用されている．

2.4 真空度測定

　真空度は，単位としては圧力で表されるものの，本質的には空間中の気体分子の数密度の指標である．高い真空度では気体分子の数が少なくなるため，圧力の測定，すなわち計測器に衝突する分子数に依存した測定ではなく，空間中の分子数に直接依存する測定のほうが適している．とくに，電子を衝突させて気体分子をイオン化し，電気的に検出する方法がよく用いられており，電子の放出や加速などに使われる原理は，前節で述べた排気技術（イオンポンプ）や，後述する表面の解析技術（電子顕微鏡や電子線回折など）でも同様に用いられている．

2.4.1 ピラニゲージ

　ピラニゲージ（Pirani gauge）は，低真空領域で頻繁に使用される真空計の一つである．導体（おもに白金線）に電流を流し，ジュール熱を発生させる．真空度が低い（気体分子が多い）ときには，導体の熱は周囲の気体分子の運動エネルギーとしてもち去られるため冷却されていくのに対して，真空度が高いときには，熱が気体分子によって奪われず冷却されない．このように，導体の熱が気体分子によって奪われる効率が，周辺の気体分子の量に依存していることを利用して，真空度を計測する．導体の温度に応じて導体の抵抗率が変化するため，抵抗変化を精密に測定することで，真空度を求めることができる．実際には，導体の抵抗変化をブリッジ回路などを利用して測定し，それを圧力に換算して表示する．極端に気体分子が少ないときには冷却に差が生じないために，変化を捉えられない．したがって，測定できる圧力範囲は $10^2 \sim 10^{-1}$ Pa で，主としてロータリーポンプで排気できる範囲を測定することになる．

2.4.2 イオンゲージ（熱陰極電離真空計）

　イオンゲージ（ion gauge）の構造は，昔のラジオやテレビなどで使われていた真空管（vacuum tube）と同じである（図 2.13）．フィラメント（陰極）に電流を流して加熱すると，グリッド（陽極）に向かって電子が放出される．このような，熱によるエネルギーが仕事関数（3.5 節参照）を超えることで放出される電子を熱電子とよぶ．熱電子は，フィラメントとグリッド間に印加された電圧で加速され，気体分子と衝突してこれをイオン化する．イオン化された気体分子（正電荷）をコレク

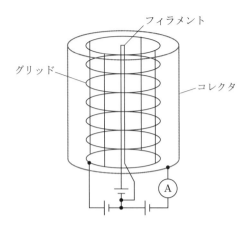

フィラメント

グリッド

コレクタ

A

図 2.13　イオンゲージの構造の模式図

タ電極で集めて，電流として計測し，その値から真空度を求める.

　フィラメントは，白熱電球のように熱を発するので酸素や水蒸気と反応して酸化される. そのため，多数の気体分子が存在する低い真空度ではフィラメントが劣化・破損しやすい.

　また反対に真空度が高くなると，多くの電子が気体分子と衝突できずに，グリッド電極に衝突するようになる. グリッド電極（金属）に衝突した電子は軟 X 線（制動放射線）を放射し，この軟 X 線がコレクタ電極に当たると，光電効果（photoelectric effect）によってコレクタ電極からは電子が放出される. これは，コレクタ電極が正電荷を得たことと等価であるから，イオン化された気体分子による電流と区別できず，ノイズとなる.

　以上のように，イオンゲージは真空度が低すぎても高すぎても使用できない. したがって，使用範囲は $10^{-3} \sim 10^{-5}$ Pa である.

2.4.3　B–A ゲージ

　B–A ゲージ（ベイヤード‐アルパートゲージ，Bayard–Alpert gauge，図 2.14）の原理は，前述のイオンゲージと同様であり，区別せずにイオンゲージとよばれることが多い. イオンゲージの構造と異なり，フィラメントを外側にし，コレクタを中心の 1 本のワイヤにすることで，コレクタ電極での光電効果を低減し，高い真空度でも使えるようにしてある（**図 2.15**）. 使用可能範囲は，$10^{-4} \sim 10^{-8}$ である.

図 2.14　B–A ゲージ

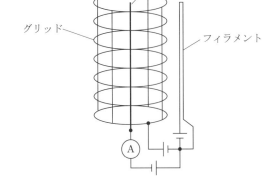

図 2.15　B–A ゲージの構造の模式図

2.4.4　コールドカソードゲージ（冷陰極電離真空計）

　コールドカソードゲージ（cold cathode gauge, 図 2.16）は，劣化・破損しやすい熱フィラメントから放出される電子ではなく，電圧印加による放電で放出される電子を用いた真空計である．加速した電子を衝突させて気体分子をイオン化し，それを集めて電流として検出する点は，イオンゲージと同じ原理となっている．しかし，放出される電子の量が熱陰極型より少ないため，イオンポンプと同様に磁場を印加することで，らせん状の軌道を描くように電子を運動させ，気体分子との衝突頻度を高めている．**逆マグネトロン型**（inverted magnetron type）と**ペニング型**（Penning type）があり，それぞれ電極の配置が異なる（**図 2.17**）．使用できる範囲は $1 \sim 10^{-9}$ Pa 程度である．

図 2.16　コールドカソードゲージ

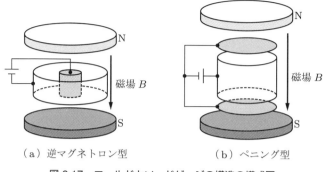

（a）逆マグネトロン型　　　　　（b）ペニング型

図 2.17　コールドカソードゲージの構造の模式図

2.5　真空チャンバー

　真空容器はガラスや金属で作られ，外から加わる大気圧に耐えるようになっている．このような容器は**真空チャンバー**（vacuum chamber）とよばれる．真空チャンバー内の真空度に影響を与える要因は，おもに以下の四つである（**図 2.18**）．

- **吸着**（adsorption）：気体分子が，容器内壁や容器内部品の表面に付着する．
- **脱離**（desorption）：容器内に吸着している分子が，表面から離れて気体分子になる．
- **リーク**（leak）：容器の接続部分の隙間などから，外部の分子が侵入する．
- **透過**（transmission）：容器素材を通して，外部の分子が侵入する．

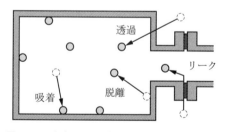

図 2.18　真空チャンバー内での気体分子の挙動

　通常では，真空チャンバーは高い気密をもっており，外部からの分子の侵入は少ない．長時間放置するなどしない限り，内部の真空度を一定の高い状態に保つことができる．このとき，吸着と脱離の過程は動的な平衡状態にあり，（装置類も含めた）容器内表面に衝突した分子のうちある割合が吸着する一方で，吸着している分子も

ある割合で脱離し，両者がつり合うことでチャンバー内の気体の圧力は一定に保たれている．

　したがって必然的に，チャンバー内壁に衝突する分子数が少ない超高真空では，内壁から脱離する分子数も少なくなっていなければならない．チャンバー内壁に分子が多数吸着していると，真空ポンプによる排気で気体分子を減少させても，脱離してくる分子で埋め合わされてしまい，超高真空に到達するまで非常に長い時間を必要とする．

　そのため金属製の真空チャンバーでは，超高真空まで効率的に排気するために**ベーキング**（bake out）を行う．ベーキングでは，真空チャンバー全体をヒーターで 100～200°C に加熱し，容器内壁や容器内部品の表面に吸着している分子の脱離を促す[†]．またこれは同時に，チャンバー内の気体分子の速度を増加させて排気口に到達しやすくし，排気を促進する効果もある．

　低真空から中真空の装置では，ステンレスやガラスが容器の材料として使用される．とくに蒸着装置の真空チャンバーは，加熱時の蒸着源の様子が外から見えるようガラス製になっていることが多い．排気装置などとの接続には，フッ素系のゴム（バイトン（Viton）の商標名で知られる）を O リングとして使用した**フランジ**（flange）が使われる．O リングをフランジで押しつぶして，密着させることで密閉を保つ．また，この真空度の範囲では，NW や KF とよばれる共通規格のフランジもよく使われる．

　高真空以上では，ベーキングの加熱に耐えられるステンレスが使われることが多い．電子を利用した計測装置（第 4 章で述べる XPS など）では，外部磁場の影響を避けるために，透磁率が高く磁場を遮断できるミューメタル（μ-metal, ニッケルと鉄の合金）が使われる．

　超高真空装置の接続部には，コンフラットフランジ（ConFlat flange）の商標名で一般的によばれる，ICF という規格のフランジが使用される（**図 2.19**）．このフランジは，接続面にナイフエッジとよばれる山状の凸部をもっており，この凸部分でリング状の柔らかい金属ガスケット（通常は無酸素銅製）を両側から押しつぶし，

[†] 分子の平均吸着時間 τ は，

$$\tau = \tau_0 \exp \frac{U}{RT}$$

と表される．ここで，U は分子が脱離するための活性化エネルギー，R は気体定数，T は絶対温度である．温度が高くなるほど分子が吸着している時間が短く，脱離しやすくなる．

ICF70 T管　　ICF114 銅ガスケット

ICF70 銅ガスケット　　　　　　ナイフエッジ

図 2.19　ICF 規格の T 管とガスケット

変形させることで密着させる．日本では，フランジの外径 [mm] を表す数字を付け
て，小さいほうから順に ICF34，ICF70，ICF114，ICF152，ICF203，ICF253 の
規格名称でよばれる（海外では呼び方が異なるが，サイズ自体は互換性がある）．

第**3**章 表面科学の基礎

本章では，ナノ構造の解析や分析などで必要となる表面科学の基礎について解説する．後の章で取り扱う計測技術で得られた結果から，表面の構造および電子状態を理解するためには，ここで扱う表面の知識が必須である．

3.1 結晶の表面

3.1.1 ミラー指数

ある**結晶面**（crystal plane）が表面として現れているとき，その表面を表すために，**ミラー指数**（Miller index）が使われる．まず，立方晶系（cubic）の格子の例で，ミラー指数の求め方を考えてみる．

図 3.1 (a) のように，結晶の**単位格子**（ユニットセル，unit cell）を考え，その一辺の長さを単位にとった，表面が各軸を横切る切片をそれぞれ n_1，n_2，n_3 とする（図では $n_1 = 3$，$n_2 = 2$，$n_3 = 3$）．その逆数の組を $(1/n_1\ 1/n_2\ 1/n_3)$ として，n_1，n_2，n_3 の最小公倍数を掛けて，整数の比 (klm) としたものが結晶面を表すミラー指数（面指数）である．また，結晶面が軸を横切らないときには，切辺 $n = \infty$ と考えて，その逆数を 0 とする．ミラー指数は丸括弧 $(\cdots)$ を使って表す．たとえば，金の単結晶の (111) 面であれば，Au(111) と表す．負の値を表すときには，上にバーを付けて $(\bar{1}00)$ と表す．

等価な面をまとめて表す場合には，波括弧 $\{\cdots\}$ を使う．たとえば，単純立方格子の (100) と (010)，(001) が等価であり，それらを区別せずに表したいときには $\{100\}$ と記す．

結晶面において，特定の方向を示したいときには，角括弧 $[\cdots]$ を使って方向指数 $[klm]$ で表す．たとえば，図 3.1 (b) は (100) 面を表しているが，二つの矢印で示された方向は，それぞれ [001] 方向と [011] 方向と指定される．等価な方向は，山括弧 $\langle\cdots\rangle$ を使って $\langle klm\rangle$ と表す．

高指数面（ハイインデックス面），つまり k，l，m の三つのうち，一つ以上の数

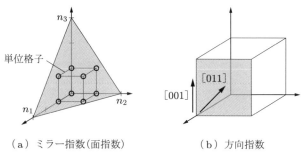

（a）ミラー指数（面指数）　　　　　（b）方向指数

図3.1　ミラー指数の求め方

字が大きな場合は注意が必要である．原子配列は離散的なので，ミラー指数が表す面と，実際に現れる原子面とは必ずしも一致しない．たとえば，**図3.2**のように体心立方格子（body centered cubic：bcc）の結晶における (015) 面を考えよう．この場合，ミラー指数 (015) が表すのは破線で示される一つの傾いた面であるが，明らかに，実際には原子3個からなる平坦な (001) 面（テラス）と，それらをつなぐ1層ぶんの (011) 面（ステップ）が現れると考えるべきである．このような実際の状況を表すために，bcc3(001) × (011) という表現を用いることもある．

　六方晶系（hexagonal）の格子の場合は，ミラー指数の数字の求め方は立方晶系と同様であるが，結晶構造に合わせて角度 120° をなす軸を用いる点が異なる．4軸を使用する方法と3軸を使用する方法があり，前者は，**図3.3**(a) のように面内で角度 120° をなす三つの軸（a_1, a_2, a_3 軸）と，それらに垂直な c 軸を用いて，たとえば $(10\bar{1}0)$ や (0001) のように表す．ただし，$(klmn)$ のうち a_1, a_2, a_3 軸に対応する最初の三つは1次独立でなく，$k + l + m = 0$ という関係があるため，二つが決まれば残り一つは求められる．そこで，図3.3(b) のように一つを省いて表すものが3軸を使用する方法である．

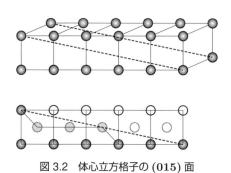

図3.2　体心立方格子の (015) 面

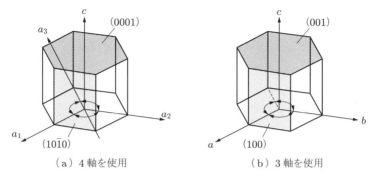

（a）4 軸を使用　　　　　　　　（b）3 軸を使用

図 3.3　六方晶系のミラー指数の表現

3.1.2　表面のブラベ格子

結晶表面では，原子は特有の配列で並んでいることも多い．このような表面の原子の配列構造を表すために，2 次元の**ブラベ格子**（Bravais lattice）が用いられる．表面格子構造は，以下の 5 種類のブラベ格子に分類される[†]（**図 3.4**）.

- **斜方格子**（oblique lattice）
- **長方格子**（rectangular lattice）
- **面心長方格子**（centered rectangular lattice）
- **正方格子**（square lattice）
- **六方格子**（hexagonal lattice）

各格子の基本ベクトル a_1，a_2 の長さの関係と，なす角を**表 3.1** に示す．表の最後列は，**単純格子**（primitive lattice）か，**面心格子**（centered lattice）かを表している．図表からわかるように，基本となるのは斜方格子であり，その特別な場合が残りの格子に相当する．とくに，面心長方格子は，これのみ基本ベクトルのとり方が異なることに注意しよう．本来は，図 (c) 左上の a_1'，a_2' のようにとり，斜方格子の特別な場合（$|a_1'| = |a_2'|$，$\gamma' \neq 90°, 120°$）とみなしてよいものであるが，わかりやすさと利便性から，伝統的にこのように定義されている．

なお，表面の配列構造を表す場合，格子（lattice）という表現のほかに，2 次元であることから網（net）という表現を使うこともある．本書では，格子という表現を用いる．

[†]　3 次元格子の場合は，14 種類のブラベ格子に分類できる．

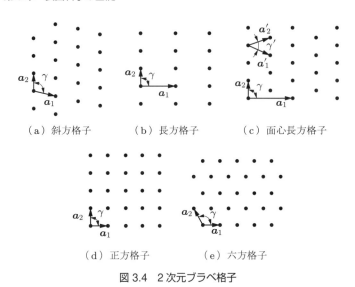

（a）斜方格子　　　（b）長方格子　　　（c）面心長方格子

（d）正方格子　　　（e）六方格子

図 3.4　2 次元ブラベ格子

表 3.1　基本ベクトルの長さの関係となす角

分類	$|a_1|$, $|a_2|$ の関係	a_1, a_2 のなす角	単純/面心
斜方格子	$|a_1| \neq |a_2|$	$\gamma \neq 90°$	単純 (P)
長方格子	$|a_1| \neq |a_2|$	$\gamma = 90°$	単純 (P)
面心長方格子	$|a_1| \neq |a_2|$	$\gamma = 90°$	面心 (C)
正方格子	$|a_1| = |a_2|$	$\gamma = 90°$	単純 (P)
六方格子	$|a_1| = |a_2|$	$\gamma = 120°$	単純 (P)

3.2　表面超構造の表記法

　表面では，原子の配列が変化して新しい格子構造を形成する表面再構成が起こったり，表面に吸着した原子や分子がバルクとは異なる新しい格子構造を形成したりすることがある．このような表面で形成される原子の配列や，表面に吸着された原子や分子のとる配列は**表面超構造**（surface superstructure）や**超構造**（superstructure）[†]ともよばれ，下地であるバルクの結晶面の単位格子を用いて表す．この表記法には，**ウッドの記法**（Wood's notation）と**行列記法**（matrix notation）の 2 種類の方法があり，ケースバイケースでわかりやすい（誤解しにくい）ほうが使われる．

---

†　なお，英語において superstructure は，地面の上に出ている建物の部分（上部構造）を意味する単語であり，したがってこれは「表面の特徴的構造＝バルクの上にある構造」ということである．

3.2.1 ウッドの記法

この記法では，表面超構造の基本ベクトルをバルクの基本ベクトルの長さの倍率と角度によって表す．**図 3.5** の例で考えてみる．ここでは，バルクの原子の配列を黒丸で，その上の表面超構造の配列を白丸で表している．バルクは a_1 と a_2 を基本ベクトルとする正方格子である．一方，表面超構造は b_1 と b_2 を基本ベクトルとしていて，$|b_1| = \sqrt{2}\,|a_1|$，$|b_2| = \sqrt{2}\,|a_2|$ である．また，a_1 と b_1 のなす角は $45°$ である．この場合，ウッドの記法では，$\sqrt{2} \times \sqrt{2} - R45°$ と表す．より正確に書けば，$X(klm)s \times t - R\phi°$ と表し，$X(klm)$ は元素 X からなるバルクの構造，s, t は表面超構造の基本ベクトルがバルクの基本ベクトルの s 倍，t 倍であることを表し，ϕ はそれらの基本ベクトルがバルクの基本ベクトルとなす角を表している．ウッドの記法が使用される場合は，表面超構造がバルクの単位胞の相似形であったり，回転した形であることが多い．また，相似ではなくても，a_1 と a_2 のなす角と b_1 と b_2 のなす角が等しい場合にも使われる．たとえば，バルクが正方格子で，表面超構造が長方格子の場合も使われ，(4×2) のように表される．面心の表面超構造の場合には，$c(4 \times 2)$ のように c をつける．

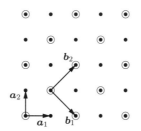

図 3.5 表面超構造のモデル

3.2.2 行列記法

この記法では，表面超構造の基本ベクトルを，バルクの基本ベクトルの 1 次結合として行列によって表す．前項と同じ表面超構造（図 3.5）を，行列記法で表してみる．

$$\begin{pmatrix} b_1 \\ b_2 \end{pmatrix} = \begin{pmatrix} 1 & -1 \\ 1 & 1 \end{pmatrix} \begin{pmatrix} a_1 \\ a_2 \end{pmatrix} \tag{3.1}$$

となるので，

$$K = \begin{pmatrix} 1 & -1 \\ 1 & 1 \end{pmatrix} \tag{3.2}$$

が行列による表記になる．行列の要素を K_{ij} とすると，

$$\mathrm{X}(klm) \begin{pmatrix} K_{11} & K_{12} \\ K_{21} & K_{22} \end{pmatrix} \tag{3.3}$$

と書く．

　ここで，コメンシュレイト（commensurate）という概念を導入する．コメンシュレイトとは，表面超構造の配列がバルクの配列の有理数倍になっていることである．この場合，バルクと表面超構造の配列は，ある公倍数ごとに一致する部分ができる．たとえば，バルクの原子の一定数おき（3個おきなど）に，表面超構造の原子が乗っているような場合に対応する．K の行列式（$\det K$）が整数，かつ K の要素 K_{ij} がすべて整数のときは，表面超構造はバルクと同じ並進対称性をもち，コメンシュレイトである．一方，$\det K$ が無理数のときは，コメンシュレイトではない（インコメンシュレイト（incommensurate）という）．この場合，表面超構造はバルクの配列の周期とはまったく無関係の周期で形成されている．

3.2.3　表面緩和と表面再構成

　結晶の最外層にある原子は，内側からはバルク内と同じようにほかの原子からの相互作用（たとえば結合）を受けるのに対して，外側は真空または大気などの気体にさらされているため，ほかの原子からの相互作用（結合）が欠落している．つまり，最外層の原子は内外から不均一な力を受けており，その格子間隔が本来のバルク内でのそれとは異なる値となることがある．このような現象を**表面緩和**（surface relaxation）とよぶ．最外層の原子の表面緩和による歪みが，直下の原子配置を歪めることもあり，表面緩和が数層にわたって発生する．

　このような表面緩和だけでは，表面原子が受ける不均一な力を解消できないこともある．その場合には，原子の配列構造自体が大きく変化し，もとの格子とは大きく異なる新しい表面格子構造をとる．このような現象を**表面再構成**（surface reconstruction）とよぶ．

　再構成表面の例としては，Si(111)7×7 がよく知られている．この表面配列構造の基本ベクトルは，下地であるバルクの Si の基本ベクトルの7倍となっている．**図 3.6**の STM 像は，最外層にある 12 個の原子（アドアトム）からなる単位格子が観察され

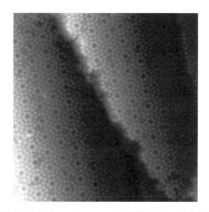

図 3.6 Si(111) 7 × 7 再構成表面の STM 像

たものである．この表面構造は，DAS モデル（dimer adatom fault stacking model）とよばれ，再構成は 3 層目の原子にまで及んでいる[3]．またほかにも，Au(111) の表面は fcc と hcp の構造が交互に現れた縞模様（ヘリングボーン（herringbone）とよばれる）の再構成表面になる．この再構成表面は $23 \times \sqrt{3}$ となっている．

3.3 逆格子

基本格子ベクトル a_1, a_2, a_3 の結晶格子を考える．**基本格子ベクトル**（primitive lattice vector）または**基本並進ベクトル**（primitive translation vector）とは，ここまでの説明における基本ベクトルとほぼ同義であるが，結晶を単純格子として表現した場合の基本ベクトルである．すなわち，図 3.4 (c) の面心長方格子では，a_1, a_2 ではなく a_1', a_2' が基本格子ベクトルとなる．基本格子ベクトルは格子の並進対称性を表し，任意の格子点は基本格子ベクトルの整数倍の和（整数係数の 1 次結合）で表される．

このとき，次式で定義される a_1^*, a_2^*, a_3^* を，**基本逆格子ベクトル**（reciprocal primitive vector）という．

$$a_1^* = 2\pi \frac{a_2 \times a_3}{a_1 \cdot (a_2 \times a_3)} \tag{3.4}$$

$$a_2^* = 2\pi \frac{a_3 \times a_1}{a_2 \cdot (a_3 \times a_1)} \tag{3.5}$$

$$a_3^* = 2\pi \frac{a_1 \times a_2}{a_3 \cdot (a_1 \times a_2)} \tag{3.6}$$

外積の性質より，$\boldsymbol{a}_1 \cdot (\boldsymbol{a}_2 \times \boldsymbol{a}_3) = \boldsymbol{a}_2 \cdot (\boldsymbol{a}_3 \times \boldsymbol{a}_1) = \boldsymbol{a}_3 \cdot (\boldsymbol{a}_1 \times \boldsymbol{a}_2)$ であるから，上の3式の分母はすべて等しく，これは単位格子の体積を表している．また，

$$\boldsymbol{a}_i \cdot \boldsymbol{a}_j^* = 2\pi \delta_{ij} \tag{3.7}$$

という関係が成り立つ．ここで，δ_{ij} はクロネッカーのデルタ（Kronecker's delta）で，$i = j$ のとき $\delta_{ij} = 1$，$i \neq j$ のとき $\delta_{ij} = 0$ である．$\boldsymbol{a}_1^*$ は $\boldsymbol{a}_2$ と $\boldsymbol{a}_3$ で張られる平面と，$\boldsymbol{a}_2^*$ は $\boldsymbol{a}_3$ と $\boldsymbol{a}_1$ で張られる平面と，$\boldsymbol{a}_3^*$ は $\boldsymbol{a}_1$ と $\boldsymbol{a}_2$ で張られる平面とそれぞれ垂直であり，どれも長さの逆数の次元をもっている．

　基本格子ベクトルと同様に，基本逆格子ベクトルの1次結合

$$\boldsymbol{G}_{lmn} = l\boldsymbol{a}_1^* + m\boldsymbol{a}_2^* + n\boldsymbol{a}_3^* \quad (l, m, n：整数) \tag{3.8}$$

もまた格子をなす．この格子を**逆格子**（reciprocal lattice）といい，逆格子の各点を**逆格子点**（reciprocal lattice point）という．また，$\boldsymbol{G}_{lmn}$ を**逆格子ベクトル**（reciprocal lattice vector）とよぶ．これと対比して，実際の原子配列が作る格子のことを実格子ともよぶ．

　2次元の格子である表面では，基本逆格子ベクトルの数は二つである．表面の基本格子ベクトルを $\boldsymbol{a}_1$，$\boldsymbol{a}_2$ とし，表面の**単位法線ベクトル**（unit normal vector，長さ1の法線ベクトル）を $\boldsymbol{n}$ とする．このとき表面の基本逆格子ベクトルは，式 (3.4)，(3.5) において $\boldsymbol{a}_3$ を $\boldsymbol{n}$ に置き換えれば求められ，

$$\boldsymbol{a}_1^* = 2\pi \frac{\boldsymbol{a}_2 \times \boldsymbol{n}}{|\boldsymbol{a}_1 \times \boldsymbol{a}_2|} \tag{3.9}$$

$$\boldsymbol{a}_2^* = 2\pi \frac{\boldsymbol{n} \times \boldsymbol{a}_1}{|\boldsymbol{a}_1 \times \boldsymbol{a}_2|} \tag{3.10}$$

と表される．式 (3.7) も同様に成り立つ．これらの基本逆格子ベクトルは $\boldsymbol{a}_1$，$\boldsymbol{a}_2$ と同じ平面内に存在し，$\boldsymbol{a}_1^* \perp \boldsymbol{a}_2$，$\boldsymbol{a}_2^* \perp \boldsymbol{a}_1$ である．分母 $|\boldsymbol{a}_1 \times \boldsymbol{a}_2|$ は $\boldsymbol{a}_1$ と $\boldsymbol{a}_2$ で作られる平行四辺形の面積を表す．ただし，これは厳密には $|\boldsymbol{a}_1 \times \boldsymbol{a}_2| = \boldsymbol{n} \cdot (\boldsymbol{a}_1 \times \boldsymbol{a}_2)$ であり，高さ1の四角柱の体積である．したがって3次元の場合と同様に，2次元の基本逆格子ベクトルも長さの逆数の次元をもつ．

　表面の逆格子点は，$\boldsymbol{a}_1^*$，$\boldsymbol{a}_2^*$ の1次結合

$$\boldsymbol{G}_{lm} = l\boldsymbol{a}_1^* + m\boldsymbol{a}_2^* \quad (l,\ m：整数) \tag{3.11}$$

で表される．これも厳密には，式 (3.8) において n を任意として右辺第3項が省略

されたものである．したがって，逆格子の「点」ではなく，表面に垂直に立つ**逆格子ロッド**（reciprocal lattice rod）になる．

実格子が原子配列を表現するのに対し，逆格子は結晶面の周期構造を表現している．逆格子ベクトルの意味はなかなかイメージしにくいので，まずは単純立方格子のような，基本格子ベクトルがすべて直交する場合について考えてみよう．

基本格子ベクトル a_1 の方向に x 軸をとり，x 軸に垂直な結晶面を正弦波に対応させて表すとする．また，数学的利便性から，三角関数の代わりに複素指数関数を用いて正弦波を表記する．この結晶面の間隔は $|a_1|$ に等しいので，

$$g(x) = \exp i \frac{2\pi}{|a_1|} x \tag{3.12}$$

とすれば，結晶面の位置は $g(x) = 1$ となる点として周期関数 $g(x)$ により表される．ここで，a_1，a_2，a_3 は互いに直交するから，式 (3.4) より

$$|a_1^*| = \frac{2\pi}{|a_1|} \tag{3.13}$$

である．すなわち，基本逆格子ベクトルの大きさ $|a_1^*|$ は，結晶面を表す周期関数 (3.12) の**波数**（wave number）を表す．この結晶面のミラー指数 (lmn) は (100) であり，また式 (3.8) より $G_{100} = a_1^*$ であるから，結晶面の法線方向と波数が，その面のミラー指数に対応する逆格子ベクトルで表されることがわかる．

次に，基本格子ベクトルが直交するとは限らない一般の格子の場合について考えてみよう．ここでは，図 3.7 のような 2 次元格子を例にとる．図に破線で示した結晶面（ここでは 2 次元のため原子列）の間隔を λ とする．この間隔 λ は，a_1，a_2 が

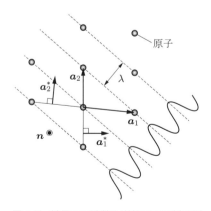

図 3.7　結晶面の波数と逆格子の関係の例

作る，底辺 $|a_2 - a_1|$ の三角形の高さに等しい．また，a_1，a_2 が作る平行四辺形の面積は，この三角形の面積の 2 倍であり，a_1，a_2 の外積の大きさに等しいから，

$$2 \times \frac{\lambda|a_2 - a_1|}{2} = |a_1 \times a_2| \tag{3.14}$$

より，

$$\begin{aligned}
\frac{2\pi}{\lambda} &= 2\pi\frac{|a_2 - a_1|}{|a_1 \times a_2|} = 2\pi\frac{|(a_2 - a_1) \times n|}{|a_1 \times a_2|} = 2\pi\frac{|a_2 \times n - a_1 \times n|}{|a_1 \times a_2|} \\
&= \left|\frac{a_2 \times n}{|a_1 \times a_2|} + \frac{n \times a_1}{|a_1 \times a_2|}\right| = |a_1^* + a_2^*|
\end{aligned} \tag{3.15}$$

となる．すなわち，結晶面の間隔 λ を波長とした周期関数の波数は，逆格子ベクトル $a_1^* + a_2^*$ の大きさで表される．また，$a_1^* + a_2^*$ と，結晶面に平行なベクトル $a_2 - a_1$ の内積をとると，

$$\begin{aligned}
(a_2 - a_1) \cdot (a_1^* + a_2^*) &= a_2 \cdot a_1^* + a_2 \cdot a_2^* - a_1 \cdot a_1^* - a_1 \cdot a_2^* \\
&= 0 + 2\pi - 2\pi - 0 = 0
\end{aligned} \tag{3.16}$$

となるから，$a_1^* + a_2^*$ は結晶面に垂直である．この結晶面のミラー指数とそれに対応する逆格子ベクトルは，3 次元では (110) と $G_{110} = a_1^* + a_2^*$ であり，2 次元では (11) と $G_{11} = a_1^* + a_2^*$ である．ここでも，結晶面の法線方向と波数が，その面のミラー指数に対応する逆格子ベクトルで表されることがわかる．

▌note3.1　逆格子とフーリエ変換

　式 (3.12) は結晶面の位置で $g(x) = 1$ となるが，それ以外の位置でも 0 とはならず，連続的に変化する．実格子は離散的であるから，本来は結晶面以外の位置では 0 となるべきである．つまり $g(x)$ は，x に関する周期 $|a_1|$ の単位インパルス列でなければならない．周期 T の単位インパルス列は，フーリエ級数展開により正弦波の無限級数和として

$$g(x) = \frac{1}{T}\sum_{n=-\infty}^{\infty} \exp i\frac{2\pi n}{T}x = \frac{1}{T}\sum_{k_n} \exp ik_n x \tag{3.17}$$

で表せることが知られている．上式から，$g(x)$ は波数の列 k_n により求められることがわかる．ここでは，これは，

$$k_n = \frac{2\pi n}{T} = \frac{2\pi n}{|a_1|} = n|a_1^*| \quad (n : 整数) \tag{3.18}$$

であるから，基本逆格子ベクトル a_1^* の逆格子にほかならない．

　このように，実格子に現れる周期的な結晶面は，ある基本波数の整数倍の波数をもつ正弦波に分解して表現できる．逆格子は，この各波数成分の分布を表すものである．こ

れは数学的にはフーリエ変換として知られ，実格子をフーリエ変換すると逆格子が，逆格子をフーリエ逆変換すると実格子が得られる．

3.4 原子レベルの表面形状モデル

表面は，理想的には平坦なモデルとして考えるが，実際には結晶面に対して角度をもつことによる段差があり，原子レベルの欠陥などもある．それを模式的にまとめると図3.8のようになる．平坦な部分は**テラス**（terrace）とよばれ，そのテラスが原子1層ぶん（あるいは数層ぶん）だけ高くなり，次のテラスになることでマクロ的には傾いた面になって見える．このテラス間の段差部分を**ステップ**（step）とよび，縁の部分はステップエッジ（step edge）とよぶ．ステップエッジの原子が直線状に並ばずに，折れ曲がった構造を**キンク**（kink）とよぶ．テラス上の点欠陥として，原子が抜けている部分は原子空孔（ベイキャンシー，vacancy），吸着している単一の原子は**アドアトム**（adatom，**吸着原子**）とよばれる．

これらの場所に応じて吸着物と表面との相互作用が異なるため，原子・分子の吸着しやすさや安定性などが異なってくる．単純なモデルで考えると，テラス上に吸着した原子には底面からの結合しか生じないのに対して，ステップエッジでは底面と側面の2方向から結合可能であるため，テラスよりも安定になりやすい．ほかにも，基板を構成する元素や結晶格子，吸着原子・分子の構造といった様々な要素に応じて，安定性などに異なる状況が生じる．

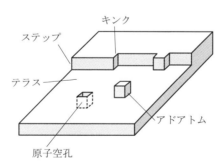

図 3.8 表面構造，欠陥の模式図

3.5　仕事関数と電気陰性度

　表面から電子を十分遠方まで移動するために必要なエネルギーを，**仕事関数**（work function）ϕ という．これは，光電効果において知られるものと同じである．仕事関数は元素および表面構造（結晶面）に依存し，フェルミ準位から真空準位のエネルギー差として定義される．フェルミ準位（Fermi level）は，電子の占有確率が $1/2$ となるエネルギー準位で，金属の場合は原子中の電子の最大エネルギーに一致しており，半導体（および絶縁体）の場合はバンドギャップ内，すなわち価電子帯（valence band）と伝導帯（conduction band）の間に存在する（図 3.9）．

　原子が N 個の電子をもっているときのエネルギーを E_N，真空準位を $V(\infty)$ とすると

$$\phi = -(E_N - E_{N-1}) + V(\infty) = -\frac{\partial E_N}{\partial N} + V(\infty) \tag{3.19}$$

と書ける．

　一方，**電気陰性度**（electronegativity）は，ある種経験的に求められた，原子が電子を引きつける力の尺度である．ポーリング（L.C. Pauling）やマリケン（R.S. Muliken）の電気陰性度が有名で，これらが参照されることも多い．たとえば，電気陰性度が異なる二つの原子が共有結合しているとき，電子は電気陰性度の大きい原子のほうへ偏っていると考えられる．その結果，二つの原子の間に δ^+ と δ^- という微小な電荷の偏りが生まれ，極性が生じる．

　仕事関数は電気陰性度とほぼ比例関係がある．つまり，電子を引きつけやすい原子は，電子を取り去るために大きなエネルギーを必要とする．

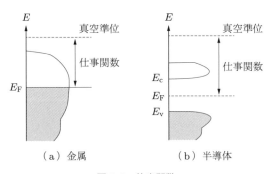

図 3.9　仕事関数

E_F はフェルミ準位のエネルギー，E_v は価電子帯の上端のエネルギー，E_c は伝導体の下端のエネルギーを表す．

3.6 表面準位，表面状態

　原子が周期的に並んでいる結晶格子では，電子のエネルギーバンドやバンドギャップが生じる．バルク内では周期的に並んでいる原子の配列は，表面では途切れている．その結果，表面には局在した電子状態が存在し，それに対応したエネルギー準位が生じる．このようなエネルギー準位は**表面準位**（surface state）とよばれる．これは，ショックレー状態（Shockley state）とタム状態（Tamm state）とよばれる2通りのモデルで考えられている．

　このような準位は表面だけではなく，結晶構造が急峻に途切れる界面でも生じる．たとえば，半導体と絶縁体の界面などでも，半導体の結晶が途切れるため，表面準位と同様のエネルギー準位が半導体のバンドギャップ内に生じる．これは界面準位とよばれる．この界面準位によって，半導体の電子や正孔がトラップされる現象が起こり，キャリヤ移動などに影響を及ぼすことがある．このような界面準位の生成メカニズムの単純なモデルとしても，表面準位を考えることは重要である．

note3.2　表面準位

　表面状態の詳細な導出は本書の範囲を超えるので，ここでは1次元準自由電子近似の2バンドモデルとよばれる表面状態の取り扱いを紹介する[4-6]．**図3.10**のように，原子が表面（$z = a/2$）まで一列に並んでいるモデルを考える．バルク側の領域（$z < a/2$）における，間隔 a で並んでいる原子による周期的ポテンシャルを

$$V(z) = 2V_1 \cos gz = V_1 \exp igz + V_1 \exp(-igz) \tag{3.20}$$

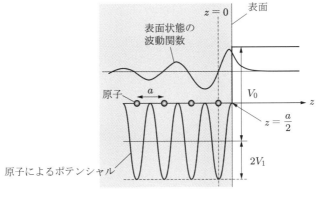

図 3.10　表面状態のモデル
波動関数はおおよそのイメージで描かれている．

とする．ここで，$g = 2\pi/a$ は基本逆格子ベクトルである．孤立原子が作るポテンシャルは原子との距離の逆数に比例するから，原子近傍では非常に深いものになる．したがって式 (3.20) は，周期的な原子のポテンシャルをそれより十分弱いとみなし，自由電子の場合のポテンシャル $V(z) = 0$ からの変位量で表すことを意味する．これを準自由電子（nearly free electron：NFE）近似という．表面より外側は，真空のポテンシャル $V(z) = V_0$ とする．

1 次元の電子のシュレディンガー方程式は，

$$\left(-\frac{\hbar^2}{2m}\frac{\mathrm{d}^2}{\mathrm{d}z^2} + V(z)\right)\psi(z) = E\psi(z) \tag{3.21}$$

で表される．ここで，m は電子質量，$\hbar$ は換算プランク定数（ディラック定数）で，E は電子のエネルギーである．真空側の電子の波動関数は，$z = \infty$ で 0 になることから，

$$\psi(z) = A\exp\left\{-\frac{\sqrt{2m(V_0 - E)}}{\hbar}z\right\} \tag{3.22}$$

と求められる．一方，バルク側の電子の波動関数は，

$$\psi_k(z) = \sum_n \alpha_n \exp i(k + ng)z \tag{3.23}$$

と書ける[†]．2 バンドモデルでは，このうち $n = 0, -1$ の二つの成分のみを考えて，ほかの成分の影響を無視する．$\psi_k(z) = \alpha_0 \exp ikz + \alpha_{-1}\exp i(k - g)z$ として，式 (3.20) とともに式 (3.21) に代入して整理し，$\exp ikz$ および $\exp i(k - g)z$ の項以外を無視すると，

$$\left(\frac{\hbar^2 k^2}{2m}\alpha_0 + V_1\alpha_{-1} - E\alpha_0\right)\exp ikz = 0 \tag{3.24}$$

$$\left\{\frac{\hbar^2(k - g)^2}{2m}\alpha_{-1} + V_1\alpha_0 - E\alpha_{-1}\right\}\exp i(k - g)z = 0 \tag{3.25}$$

となる．したがって，

$$\begin{pmatrix} \hbar^2 k^2/2m - E & V_1 \\ V_1 & \hbar^2(k - g)^2/2m - E \end{pmatrix}\begin{pmatrix} \alpha_0 \\ \alpha_{-1} \end{pmatrix} = \begin{pmatrix} 0 \\ 0 \end{pmatrix} \tag{3.26}$$

となり，次の固有方程式が導かれる．

[†] 周期 a のポテンシャル中の波動関数は，$u_k(z + a) = u_k(z)$ を満たす関数 $u_k(z)$ を用いて $\psi_k(z) = \exp ikz \cdot u_k(z)$ と表せることが知られている（ブロッホの定理）．$u_k(z)$ は周期 a の関数であるから，逆格子ベクトル $G = ng$ を用いて $u_k(z) = \sum_n \alpha_n \exp iGz$ とフーリエ級数展開される．したがって，$\psi_k(z) = \exp ikz \cdot \sum_n \alpha_n \exp iGz = \sum_n \alpha_n \exp i(k + ng)z$ となる．

$$\left(\frac{\hbar^2 k^2}{2m} - E\right)\left\{\frac{\hbar^2(k-g)^2}{2m} - E\right\} - V_1^2 = 0 \tag{3.27}$$

ここで，$k = g/2 + \kappa$，$b = \hbar^2/2m$ とおいて整理すると，

$$E = b\kappa^2 + b\left(\frac{g}{2}\right)^2 \pm \sqrt{b^2\kappa^2 g^2 + V_1^2} \tag{3.28}$$

$$\alpha_{-1} = \frac{E - bk^2}{V_1}\alpha_0 \tag{3.29}$$

が得られ，バルク側の領域 $z < a/2$ で許される波動関数は，

$$\begin{aligned}\psi_k(z) &= \alpha_0 \exp i\left(\kappa + \frac{g}{2}\right)z + \alpha_{-1}\exp i\left(\kappa - \frac{g}{2}\right)z \\&= \alpha_0 \exp i\kappa z \cdot \left\{\exp i\frac{g}{2}z + \frac{E - bk^2}{V_1}\exp\left(-i\frac{g}{2}z\right)\right\}\end{aligned} \tag{3.30}$$

となる．式 (3.28) の概形を図示すると，図 3.11 のようになる．$\kappa^2 \geq -V_1^2/b^2 g^2$ の範囲で E は値をもち，これはエネルギー E の電子状態が存在し得ることを意味する．そこで，κ^2 の値で場合分けして上式を考える．

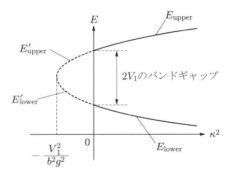

図 3.11　式 (3.28) の概形

$\kappa^2 \geq 0$ のとき，$z < a/2$ の領域全体で $\psi_k(z)$ は周期関数となり，外側に向かって減衰する関数 (3.22) と表面 $z = a/2$ で接続された形となる．これは，対応する電子のエネルギー状態がバルク領域全体にわたって存在すること，すなわちバルクのエネルギーバンドを意味する．このとき式 (3.30) は，二つのエネルギーバンド $E_{\text{upper}} = b\kappa^2 + b(g/2)^2 + \sqrt{b^2\kappa^2 g^2 + V_1^2}$ および $E_{\text{lower}} = b\kappa^2 + b(g/2)^2 - \sqrt{b^2\kappa^2 g^2 + V_1^2}$ に対応した波動関数を表している．E_{upper} の下限，および E_{lower} の上限は $\kappa^2 = 0$ で与えられ，このとき式 (3.28) は $E = b(g/2)^2 \pm V_1$ となるから，図のように $2V_1$ のバンドギャップが生じる．

$\kappa^2 < 0$ のとき，$\kappa = \pm i\kappa'$（κ'：正の実数）とおけるが，式 (3.30) より $\kappa = +i\kappa'$ だと $z = -\infty$ で発散するので，$\kappa = -i\kappa'$ が解である．また，

$$\left| \frac{E - bk^2}{V_1} \right| = \left| \frac{-b\kappa g \pm \sqrt{b^2 \kappa^2 g^2 + V_1^2}}{V_1} \right| = \left| \frac{ib\kappa' g \pm \sqrt{V_1^2 - b^2 \kappa'^2 g^2}}{V_1} \right| = 1 \tag{3.31}$$

であるから，$(E - bk^2)/V_1 = \exp 2i\delta$ とおける．以上を式 (3.30) に代入して，

$$\psi_k(z) = \alpha_0 \exp i\kappa z \cdot \left\{ \exp i\frac{g}{2}z + \exp 2i\delta \cdot \exp\left(-i\frac{g}{2}z\right) \right\}$$

$$= \alpha_0 \exp \kappa' z \cdot \exp i\delta \cdot \left\{ \exp(-i\delta) \cdot \exp i\frac{g}{2}z + \exp i\delta \cdot \exp\left(-i\frac{g}{2}z\right) \right\}$$

$$= \alpha_0 \exp i\delta \cdot \exp \kappa' z \cdot \cos\left(\frac{g}{2}z - \delta\right) \tag{3.32}$$

となる．上式は z に依存して振動するだけではなく，バルク内側に向かって減衰するため，表面付近にのみ局在する波動関数であることがわかる．これに対応するエネルギー状態が表面準位である．このエネルギー E'_{upper} および E'_{lower} は，図 3.11 からわかるように E_{upper} の下限と E_{lower} の上限の間にあり，したがって表面準位はバンドギャップ内に生じる．位相のずれ δ は，図 3.10 のように $z > a/2$ における波動関数と $z = a/2$ で連続となるように決まり，それによって実際の表面準位も決まる [7]．

3.7　清浄表面の作製法の例

2.2.3 項で述べたように，大気中では，清浄な表面が存在しても一瞬で気体分子を含む様々な吸着物に覆われてしまう．このような吸着物によって本来の表面の原子配列が見えなくなるのに加えて，表面原子配列の再構成も起こり得る．したがって，本来の表面（あるいは表面上の物質）を分析するには，高真空（あるいは超高真空）内で清浄な表面を作製し，維持する必要がある．清浄な規正表面を準備するための代表的な手法は，以下のとおりである．

- 劈開 (cleavage)
- 加熱 (heating)
- スパッタリング (sputtering)
- 成膜 (film deposition)

劈開は，単結晶を割れやすい結晶面で割って，バルク内部に埋もれていた新しい表面を出す方法である．すべての材料について応用できるわけではなく，割りやすい結晶面をもつ材料や物質に対して応用され，利用できる結晶面も物質に依存して限定される．たとえば，マイカ (mica, 雲母) やグラファイトなどは，層状物質が積

層した構造であるため，シート状に薄く剥がすことで劈開できる．塩化ナトリウム（NaCl）は (100) の結晶面で割れやすい．真空中において劈開するためには，真空中で，固定した試料に鋭利な治具を当てて力を加えたり，あらかじめ試料に長い棒などを付けておき，てこの原理で結晶に大きな力を加えたりする方法が用いられる．

　加熱は，真空中で試料をヒーターにより加熱したり，物質そのものに電流を流して加熱することで，表面の吸着物を蒸発・昇華させる方法である．真空チャンバー内の加熱装置として，タングステンのワイヤやカーボン製ヒーター板，ランプなどがよく使われる．また，フィラメントを加熱して放出される熱電子を電圧で加速し，試料の裏面（あるいは試料を固定している部分）に衝突させて加熱する電子衝撃加熱という方法も使われる．このような加熱によって，表面の吸着物を除去するのに加えて，物質の表面そのものの一部も昇華させることで，物質本来の清浄表面を作製できる．Si(111) 表面は，シリコン単結晶片に電流を流し，そのジュール熱によって表面のシリコン原子を昇華させることで得られる．このときに表面の原子配列が安定な構造に再構成され，3.2.3 項で述べた DAS モデルとよばれる 7×7 構造を形成する．温度の測定は，試料を保持している部分に設置した熱電対（thermo couple）や，チャンバーの外部から放射温度計（pyrometer）を用いて測定できる．

　スパッタリングは，表面の原子に衝突させたイオンのエネルギーによって表面原子をはじき飛ばす方法である．表面の清浄化の際には，イオンガンを使用して数 100 V ～数 kV の印加電圧によって加速されたイオン（アルゴンなどの希ガスを用いる）を表面に照射し，表面の吸着物および表面原子を除去する．イオンガン内では，電流を流したフィラメントから発生する熱電子を，導入された微量の希ガス分子に衝突させてイオン化する．このイオンを，さらに電圧で加速して，試料に照射する．スパッタリングは表面の凹凸を増加させるので，通常は引き続いてアニール（annealing）処理を行う．アニールによる温度の上昇は，表面の原子の移動・拡散を活発にし，原子は最終的に安定な配置に近づこうとするため，結果として平坦化が進むことが多い．また，アニールによってバルク内の欠陥や不純物の拡散が促進されるので，表面に現れたこれらを減少させるためにも有効である．このようなスパッタリングとアニールのサイクルは，金属単結晶の清浄表面の準備で多く使われる．通常は，数回繰り返すことによって清浄表面を手に入れることができる．スパッタリングはイオンの運動エネルギーを利用するため，表面を削る作用は用いるイオンの質量や加速電圧に依存する．物質によってそれぞれ適した加速電圧やアニール温度が用いられる．スパッタリングは，成膜技術としても使用されている．イオン

の衝撃によってターゲット材料の原子をはじき飛ばし，近傍に設置した基板上に堆積させることで薄膜を作る．

　成膜は，あらかじめ目的の表面を作製するための条件が明らかになっている場合には有効な手法である．真空チャンバー内において，基板上に蒸着などによって目的の物質を堆積させて薄膜を作製し，その表面を清浄な状態で取得する．決まった結晶面を作製するためには，基板上にエピタキシャル成長（結晶格子を整合させて堆積）させる必要があるため，組み合わせおよび堆積条件なども限定される．たとえば，Au(111) や Ag(111) 表面は，劈開したマイカ表面を 600°C 以上に加熱しながら Au や Ag を蒸着することで，作製できることが知られている．

第4章 表面解析技術

すでに述べたように，ナノテクノロジーでは，数層内部の原子までからなる物質の「表面」と，その上に作製されるナノ構造を計測することが必要となる．本章では，このようなナノメートルサイズの表面構造を解析する技術について説明する．これには様々な手法があるが，本書ではその中でも代表的な，電子顕微鏡と電子線回折，走査型プローブ顕微鏡，および電子分光技術を取り上げる．実際の測定装置には，それぞれに性能を向上させるための種々の技術や工夫が導入されているが，ここでは各手法の特徴の理解を目的として，基本的な原理に絞って解説を行う．

4.1 電子の波動性と平均自由行程

最初に，電子を利用した表面解析において基礎となる物理について説明する．これは，おもに電子顕微鏡および電子線回折，電子分光の原理を理解するうえで重要となる．

4.1.1 電子の波動性

量子力学によれば，運動する粒子は波としての性質も示す．その波長は粒子の運動量に依存し，非相対論的な（すなわち光速より十分小さい）速度範囲では次式のように表される．これをド・ブロイ（de Broglie）波長という†．

$$\lambda = \frac{h}{p} = \frac{h}{mv} = \frac{h}{\sqrt{2mE}} \tag{4.1}$$

ここで，h はプランク定数（Planck constant），p は運動量，E は運動エネルギー，m は粒子の質量，v は粒子の速度である．式 (4.1) と，波数 k と波長 λ の関係 $k = 2\pi/\lambda$ より，運動量 p と波数 k には，

---

† ド・ブロイ波長は，ポテンシャルが 0，すなわち自由粒子のシュレディンガー方程式を解いて得られる波動関数の波長となっている．つまり，粒子を波として記述するときの波長であることがわかる．

$$p = \frac{h}{\lambda} = \frac{kh}{2\pi} = k\hbar \tag{4.2}$$

の関係が成り立つ. $\hbar = h/2\pi$ は,換算プランク定数(ディラック定数)である.

式 (4.1) に従えば,運動する物体であれば何でも,ド・ブロイ波長をもつ波として考えられることになる.ただし通常の物体では,ド・ブロイ波長は物体自身の大きさに比べてきわめて短く,そのため波としての性質は観測できない.しかし,電子や陽子,中性子などの微視的な粒子では,この波動性が現れてくるようになる.

たとえば,電圧 100 V で加速した電子の波長を求めてみよう.このような荷電粒子のエネルギーには,単位 [eV](電子ボルト,electron volt)が用いられる.1 eV は 1 個の電子を 1 V の電圧で加速したときに電子が得るエネルギーであり,1 eV = $1.602176634 \times 10^{-19}$ J(約 1.6×10^{-19} J)である.この単位 [eV] には,加速によって粒子が得るエネルギーを,その電荷量(価数)に加速電圧を掛けるだけで求められるという利点がある.

100 V で加速した電子が得るエネルギーは,$100\,\text{eV} \cong 1.6 \times 10^{-17}$ J であるから,そのド・ブロイ波長 λ はおよそ 0.1 nm となる.これは原子間隔とほぼ同程度である.したがって,この電子ビームを結晶に当てると,原子配列がなす格子が回折格子となって,光波と同様の回折現象が起こる.電子線回折は,これを利用して結晶構造を調べる.

電子の加速電圧を大きくすると,式 (4.1) より波長 λ は短くなる.電子顕微鏡の場合,鮮明な像を得るには観測対象より波長を十分短くして,回折の影響を小さくする必要がある.また,加速電圧が高いほど厚い試料を透過することができる.そのため,電子顕微鏡にはこのような高電圧で加速した電子が用いられる.

4.1.2 電子の平均自由行程

第 2 章では,気体分子の平均自由行程について説明した.物質中に入射する電子についても,同様に平均自由行程を定義することができる.ただし,気体分子の平均自由行程が,気体分子どうしの衝突が起きる間隔として定義されたのに対し,入射電子の平均自由行程は,物質との相互作用による入射電子の減衰として定義される.

入射電子は,物質中の原子内の軌道電子と衝突して,原子の励起や電離を引き起こすほか,原子核と電磁相互作用することで X 線を放射する.このような物質との相互作用によって電子は徐々にエネルギーを失うため,物質の内部まで到達できる電子の数は,表面からの距離につれて減少していく(**図 4.1**).物質表面に N_0 個

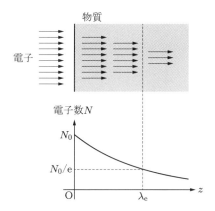

図 4.1　物質に照射した電子の減衰の模式図

の電子からなる電子ビームが入射したとき，表面から距離 z における電子数 N は，2.2.4 項で示したように，

$$N = N_0 \exp\left(-\frac{z}{\lambda_e}\right) \tag{4.3}$$

で表される．ここで，λ_e は電子の平均自由行程で，電子数が最初の $1/e$ になる距離である．これは言い換えると，電子ビームの強度が最初の $1/e$ に減衰する距離を意味する．

　この電子の平均自由行程 λ_e は，電子がもつエネルギーによって異なる値をとり，また電子が通過する物質によっても異なる．これは，物質の原子密度により衝突頻度が変わるほか，原子番号すなわち原子核に含まれる陽子の数によって，電磁相互作用の強さも変わることによる．様々な物質（元素）に対して実験的に計測された平均自由行程をフィッティングした式が，次のように報告されている[8]．

$$\lambda_e = \frac{538a}{E^2} + 0.41a\sqrt{aE} \ [\text{nm}] \tag{4.4}$$

ここで，E は電子のエネルギー [eV]，a は単原子層（single atomic layer）の厚さ [nm] である．$a = 0.2$ として描いた平均自由行程のエネルギー依存性は，**図 4.2** のようになっている．実際に計測されたデータは，通過物質による差異のために曲線の周りに広がっているが，おおよその値はこのグラフから読み取ることができる．

　このグラフは，$10 \sim 1000 \ \text{eV}$ の範囲の電子の平均自由行程はおおむね 1 nm 以下であることを示している．つまり，このエネルギーの範囲の電子を物質に照射すると，表面からおよそ 2，3 原子層の深さに到達する電子の数は，照射した初期電子数

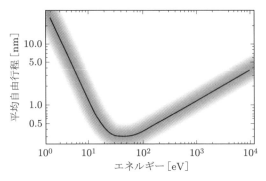

図 4.2　物質中の電子の平均自由行程

の 1/e 以下になる．また逆に，物質中から出てくる電子のもつエネルギーがこの範囲であれば，その電子の多くは表面から 2, 3 原子層の領域から出てきており，それより深い領域から出てくる電子の数は 1/e 以下であるといえる．つまり，このエネルギーの範囲の電子を照射，および検出することによって，おもに表面についての情報を得ることが可能になる．

4.2　電子顕微鏡

　一般によく知られている電子顕微鏡は，走査型電子顕微鏡と透過型電子顕微鏡の 2 種類に分けられる．どちらも電子顕微鏡とよばれるものの，その原理はまったく異なり，観察できる対象にも大きな違いがある．ここでは，両者の原理と特徴について述べる．また，電子顕微鏡の機能として組み込まれていることが多い，特性 X 線による元素分析についても説明する．

4.2.1　走査型電子顕微鏡

　走査型電子顕微鏡（scanning electron microscope：SEM，図 4.3）は，光学顕微鏡では観察することが難しい 1 μm 以下の物体を観察する装置として，最も広く使われている装置である．SEM の構造の概略を図 4.4 に示す．

　電子銃から放出された電子を電圧により加速する．おもな電子源としては，イオンゲージ（2.4 節）と同じ通電したフィラメントから放出される熱電子のほか，電界放出（field emission）による電子も使われる．電界放出とは，金属や半導体の表

図 4.3　SEM 外観

日立ハイテク製 S-5200（EDX 搭載），広島大学自然科学研究支援開発センター

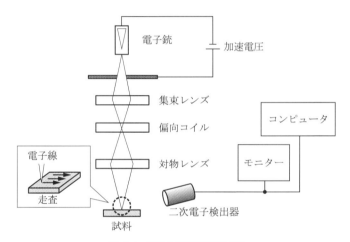

図 4.4　SEM の構造の模式図

面に強い電場が加わると電子が放出される現象である[†]．電場を一点に集中させることで強くするため，先端をきわめて細く加工した電極が使われる．これにより放出される電子ビームも細くなるため，照射スポットを小さくすることができる．通常，加速電圧は数 kV〜50 kV である（生物用の SEM では 1kV 程度のこともある）．

　加速された電子は，集束用の電磁レンズ（electromagnetic lens）と偏向コイルを通って，試料上の一点に照射される．この電子を一次電子（primary electron）と

[†]　電界放出は，電圧の印加だけで電子を放出させるという点で，イオンポンプ（2.3 節）や冷陰極電離真空計（2.4 節）で用いられる冷陰極放電に類似している．ただし，放電（絶縁破壊）を持続させることで電子を供給するのではなく，トンネル効果によって電子を供給する点が異なる．

よぶ. 電磁レンズはコイルによって作られた電磁石であり, その中を通る電子の軌道をローレンツ力によって曲げることで, 光学レンズと同じように電子を集束する. 照射スポットサイズは装置に依存するが, 一般的には 1 nm 以下である. 照射スポットの位置は, 偏向コイルによって移動できるようになっている.

　試料からは, 一次電子が表面で跳ね返った反射電子 (reflected electron) のほか, 一次電子の衝突で試料中の原子から叩き出された二次電子 (secondary electron) や, 一次電子と原子の相互作用で生じる X 線, オージェ電子 (Auger electron, 4.5.2 項で後述) などが出てくる (**図 4.5**). これらのうち, 反射電子, X 線, オージェ電子は, 試料の構成元素に依存した情報を含む. 二次電子は, 以下のように試料表面の凹凸に依存するため, SEM はこれを検出することで形状の顕微鏡像を描き出す. 像のコントラストを生む要因は, おもに以下の四つの効果である.

- エッジ効果：エッジ部分は二次電子の放出が多い.
- シャドウ効果：放出された二次電子が試料によって妨げられると, 検出器に到達しない.
- 傾き効果：試料面に傾きがあると二次電子を放出する領域が大きくなるため, 電子数が増える.
- 材料効果：物質によって二次電子放出量が異なる.

したがって, 凹凸があるとその斜面やエッジ部分が明るくなり, 表面形状が観察できる.

　集束した電子ビームで試料表面を走査 (ラスタースキャン, raster scan) しながら, 放出された二次電子を検出器で測定して, 2 次元的にマッピングすることで顕微鏡像を構成する. 古い機種では, 増幅した二次電子検出器の信号を, 走査と同期

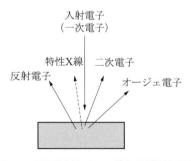

図 4.5　電子照射によって生じる電子と X 線

させてブラウン管に表示し，その残像をカメラで撮影して顕微鏡像としていた．現在では，検出信号をデジタル化して取り込み，コンピュータで画像を構成して記録するようになっている．

　電磁レンズで集束できる照射スポットサイズの理論的な下限は，光学レンズと同じく電子の波長に依存する．したがって式 (4.1) より，加速電圧を高くすれば照射スポットが小さくなり，SEM の分解能を向上できそうに思える．しかし実際には，電子の多重散乱などの影響で，二次電子は照射スポットの周囲からも放出される．加速電圧を高めると電子が試料内に深く侵入するようになるので，この影響が強くなる．そのため，加速電圧を高めるだけでは，SEM の分解能は必ずしも高くならない．

　ちなみにこの SEM の構造は，半導体デバイス製造におけるリソグラフィーで使用される電子線描画装置（electron beam lithography exposure）と基本的に同じである．電子線描画装置では，電磁レンズで絞られた電子ビームを基板（レチクル用基板）† 上に塗布されたレジストに照射し，その部分を分解（ポジ型）または硬化（ネガ型）させてパターンを形成する．そのため，電子線描画装置では，描画が不要なときにはビームを逸らして遮断するブランキングの機能と，設計パターンどおりにビームを走査する（ベクタースキャン）機能が，高精度で実現されている．

4.2.2　透過型電子顕微鏡

　透過型電子顕微鏡（transmission electron microscope：TEM，図 4.6）の原理は，基本的に光学顕微鏡と同じである．光学顕微鏡では可視光（電磁波）を用いて観察するのに対して，TEM では電子（物質波）を使うという違いがある．TEM の構造の概略を図 4.7 に示す．

　電子源から出た電子を，加速・集束して試料に照射する．透過してきた電子を対物レンズで結像し，これを投影レンズで蛍光スクリーン上に投影する．電子が当たった箇所は蛍光を発するので，その蛍光の強弱を顕微鏡像として CCD などの撮像素子で記録する．近年では，CMOS イメージセンサーを用いて，蛍光スクリーンを介さず像を直接記録するものもある．TEM では走査が必要なく，観察像が一度に得られるが，電子が試料を透過しなければならないため，研磨やイオンビームによるエッチングで試料を薄く加工する必要がある．

　電子源や電磁レンズの原理は SEM と同様である．照射スポットは SEM のよう

---

† 　半導体製造リソグラフィーで，ウエハ上に回路パターンを転写するためのフォトマスクをレチクルという．このレチクルもまたリソグラフィーで作成されており，これに電子線描画装置が用いられている．

図 4.6　TEM 外観

日本電子製 JEM2010（EDX 搭載），広島大学自然科学研究支援開発センター

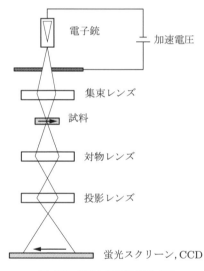

図中のラベル：電子銃，加速電圧，集束レンズ，試料，対物レンズ，投影レンズ，蛍光スクリーン，CCD

図 4.7　TEM の構造の模式図

にきわめて小さくする必要はないが，鮮明な像を得るうえでは，輝度が高い，細く絞った電子ビームのほうが有利である．また，TEM の分解能はレンズ結像系の収差により制限され，波長が短いほど高分解能が得られる．そのため，加速電圧を高めて波長を短くする．また，加速電圧を高めることで，試料内を電子が透過する距離（厚さ）も長くすることができる．一般的な TEM における電子の加速電圧は 100 kV 程度であるが，3 MV という超高電圧で加速するものもある．

　光学顕微鏡の像が，試料を透過した光の強度すなわち単位時間あたりの光子数と

して得られるのと同様に，TEM 像は，単位時間あたりの電子数としてスクリーン上に現れる．この像のコントラストを生む要因には，電子波の散乱，回折，位相などがある．

- 散乱コントラスト：試料の原子によって電子が散乱されて，暗い部分として現れる．おもに原子密度を反映する．
- 回折コントラスト：試料の結晶方位の違いにより，回折条件（ブラッグ条件）が異なることで明暗部分が現れる．おもに結晶粒界を反映する．
- 位相コントラスト：透過電子，散乱電子，回折電子がそれぞれの位相に応じて干渉することで現れる．おもに原子の配列構造を反映する．

　TEM では，絞りや焦点を調整することで，これらのコントラストに対応した観察像を得ることができる．また，試料の像ではなく，原子配列によって生じる回折パターンを観察することも可能である．後述する電子線回折と同様に，この回折パターンからは原子の格子構造を解析することができる．

　SEM 像および TEM 像の比較として，直径約 10 nm の金ナノ粒子のそれぞれの顕微鏡像を図 4.8 に示す．図 (a) は，自然酸化膜の付いている Si 基板上に滴下，乾燥した金ナノ粒子の SEM 像である．金ナノ粒子は電子の放出率が高く，また突出する形状になっているため，周囲の Si 基板面より明るい像として観察されている．一方，図 (b) は，ニトロセルロース膜上に滴下，乾燥した金ナノ粒子の TEM 像である．金ナノ粒子は電子を散乱しやすいため，電子を透過しやすい周囲のニトロセルロースより暗い像として観察されている．また，高倍率 TEM 像では，ナノ粒子の内部に格子状の縞が観察される．これは，このナノ粒子が単結晶であるために観察

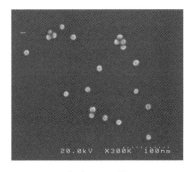

（a）SEM 像　　　　　　　　　　（b）TEM 像

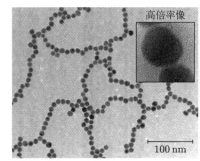

図 4.8　金ナノ粒子の SEM 像と TEM 像

される，結晶格子を反映した位相コントラストである．このように，SEMとTEMでは観察できる像に違いがあることがわかる．なお近年では，SEMとTEM双方の特徴を組み合わせた，走査型透過電子顕微鏡（scanning transmission electron microscope：STEM）とよばれるタイプも存在する．

4.2.3　特性X線による元素分析

図4.5に示したように，電子を物質に照射するとX線が生じる．これを利用して，試料表面を構成する元素を分析することができる．

高エネルギー電子を原子に照射すると，連続X線（continuous X-ray）と，特性X線（characteristic X-ray）の2種類のX線が放出される．連続X線は，入射電子の軌道が原子核の電荷などによって曲げられることで放出される．一方，特性X線は，入射電子によって原子の内殻（inner shell）の電子がはじき飛ばされ，そこへ外殻（outer shell）の電子が遷移してくることで放出される．

たとえば，図4.9のように，入射電子によってK殻の電子がはじき飛ばされた跡に，より高いエネルギー準位にある外側のL殻から電子が遷移してくると，準位間のエネルギー差に相当するエネルギーが余剰となる．特性X線は，この余剰エネルギーが電磁波として放出されたものである．余剰のエネルギーが電磁波として放出されるという点は，後の章で述べる蛍光材料や量子ドットなどの発光と共通している．

電子がL殻からK殻へ遷移するときに発生するX線をK_αとよび，M殻からK殻へ遷移するときに発生するX線をK_βとよぶ．原子のエネルギー準位は元素ごとに異なるので，発生する特性X線のエネルギーも元素ごとに異なる．したがって，電子の照射によって出てくる特性X線のエネルギースペクトル（エネルギー分布）を

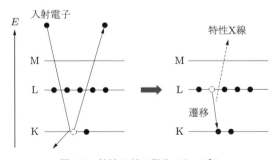

図4.9　特性X線の発生メカニズム

計測することで，照射領域に存在する元素を特定できる．特性 X 線は，それぞれ決まったエネルギーをもつことから，ある特定のエネルギーの X 線が必要な場合の線源としても用いられる（4.5.3 項の X 線光電子分光で後述）．

このように高エネルギーの一次ビームを照射して，発生する特性 X 線のエネルギースペクトルから元素分析を行う方法を，**エネルギー分散型 X 線分析**（energy disperse X-ray spectroscopy：**EDX** または **EDS**）とよぶ．SEM や TEM に機能の一つとして組み込まれ，観察領域の構成元素の特定に用いられることが多い．そのため一般的には，EDX（EDS）といえば一次ビームが電子である場合を指す．

EDX（EDS）では，半導体検出器によりエネルギースペクトルを測定することで特性 X 線の分析を行うが，別の方法としては，可視光をプリズムや回折格子で分光するように，発生した X 線を分光結晶に通し，波長スペクトルを調べることで分析するものもある．これは**波長分散型 X 線分析**（wave length disperse X-ray spectroscopy：**WDX** または **WDS**）とよばれる．この方法は元素分析を主目的とする場合に使われており，そのような装置は**電子線マイクロアナライザ**（electron probe micro analyzer：**EPMA**）とよばれる．

SEM の場合には，走査しながら特性 X 線を検出することで，構成元素の 2 次元的なマッピングが可能になる．ただし，電子ビームを数 nm まで絞っても，物質内で散乱される電子による影響で μm 程度の分解能になる．TEM では，数 nm の分解能が得られる．

4.3 電子線回折

電子の波動性に伴う回折現象を利用して，結晶中の原子配列の周期構造を調べる手法が**電子線回折**（electron diffraction）である．同じ手法として X 線回折が知られるが，電子線は X 線のような高い透過力をもたないので，表面構造の観察に適している．

4.3.1 電子線回折の原理とエワルド球

まず，回折によって周期構造が解析できる原理について説明しよう．ここでは電子線回折について考えるが，X 線回折や中性子線回折でも，基本的な原理は同じである．

　図 4.10 のように，結晶中の 2 個の原子で散乱された電子波について考える．入射波および散乱波の波数ベクトルを，それぞれ $\boldsymbol{k}$ および $\boldsymbol{k}'$ とする．また，弾性散乱であるとして，$|\boldsymbol{k}| = |\boldsymbol{k}'|$ とする．表記を簡単にするため，電子波の振幅は 1 に規格化して考える．

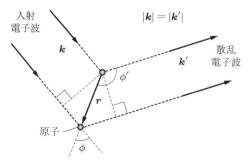

図 4.10　2 個の原子で散乱された電子波

　図のように片方の原子の位置に原点をとり，他方の原子の位置ベクトルを $\boldsymbol{r}$ とする．$\boldsymbol{k}$ と $\boldsymbol{r}$ のなす角を ϕ，$\boldsymbol{k}'$ と $\boldsymbol{r}$ のなす角を ϕ' とすると，二つの電子波の行路差は

$$|\boldsymbol{r}| \cos \phi + |\boldsymbol{r}| \sin \left(\phi' - \frac{\pi}{2} \right) = |\boldsymbol{r}| \cos \phi - |\boldsymbol{r}| \cos \phi' \tag{4.5}$$

であるから，電子波の波長を λ として，位相差は次のようになる．

$$2\pi \frac{|\boldsymbol{r}| \cos \phi - |\boldsymbol{r}| \cos \phi'}{\lambda} = |\boldsymbol{k}||\boldsymbol{r}| \cos \phi - |\boldsymbol{k}'||\boldsymbol{r}| \cos \phi' = \boldsymbol{k} \cdot \boldsymbol{r} - \boldsymbol{k}' \cdot \boldsymbol{r}$$

$$= -(\boldsymbol{k}' - \boldsymbol{k}) \cdot \boldsymbol{r} = -\Delta \boldsymbol{k} \cdot \boldsymbol{r} \tag{4.6}$$

ここで，$\Delta \boldsymbol{k} = \boldsymbol{k}' - \boldsymbol{k}$ を散乱ベクトルとよぶ．散乱ベクトル $\Delta \boldsymbol{k}$ に対する散乱振幅 $F(\Delta \boldsymbol{k})$ は，各原子からの位相差 $-\Delta \boldsymbol{k} \cdot \boldsymbol{r}$ の散乱波を，試料全体で積分して重ね合わせ，

$$F(\Delta \boldsymbol{k}) = \int g(\boldsymbol{r}) \exp(-i \,\Delta \boldsymbol{k} \cdot \boldsymbol{r}) \, \mathrm{d}\boldsymbol{r} \tag{4.7}$$

と求められる．ここで，$g(\boldsymbol{r})$ は原子の位置でのみ値をもち，それ以外で 0 となる関数，すなわち実格子である[†]．

[†]　厳密には，$g(\boldsymbol{r})$ は散乱源の空間的分布を表し，各散乱中心点の周囲に広がりをもつ連続関数である．たとえば X 線回折では，X 線は各原子中の軌道電子によって散乱されるので，$g(\boldsymbol{r})$ は電子密度の分布 $n_e(\boldsymbol{r})$ となる．

実格子 $g(\boldsymbol{r})$ は逆格子ベクトル $\boldsymbol{G}$ でフーリエ級数展開でき,$g(\boldsymbol{r}) = \sum g_G \exp(i\boldsymbol{G} \cdot \boldsymbol{r})$ と表せる(note3.1 参照).よって,式 (4.7) は

$$F(\Delta \boldsymbol{k}) = \sum_G \int g_G \exp(i\boldsymbol{G} \cdot \boldsymbol{r}) \exp(-i\,\Delta \boldsymbol{k} \cdot \boldsymbol{r})\,\mathrm{d}\boldsymbol{r}$$

$$= \sum_G \int g_G \exp\{i(\boldsymbol{G} - \Delta \boldsymbol{k}) \cdot \boldsymbol{r}\}\,\mathrm{d}\boldsymbol{r} \tag{4.8}$$

となる.散乱波が強め合って回折スポットが得られるのは,$\boldsymbol{G} - \Delta \boldsymbol{k} = 0$ となるとき,すなわち,

$$\Delta \boldsymbol{k} = \boldsymbol{G} \tag{4.9}$$

と,散乱ベクトルが逆格子ベクトルに一致するときである.この条件を満たす散乱ベクトル全体が作る回折像は,式 (4.7) より

$$F(\boldsymbol{G}) = \int g(\boldsymbol{r}) \exp(-i\boldsymbol{G} \cdot \boldsymbol{r})\,\mathrm{d}\boldsymbol{r} \tag{4.10}$$

として,$|F(\boldsymbol{G})|^2$ で得られる.式 (4.10) は実格子 $g(\boldsymbol{r})$ のフーリエ変換であり,$F(\boldsymbol{G})$ は逆格子を表している.つまり,電子線回折によって,逆格子が回折スポットとして得られる.

間隔 d の周期的な結晶面で生じる回折の条件,すなわちブラッグの回折条件を,式 (4.9) から導出してみよう.間隔 d の周期結晶面の基本逆格子ベクトルは,結晶面に垂直で,その大きさは $|\boldsymbol{a}^*| = 2\pi/d$ である.したがって,回折条件は図 4.11 のようになり,

$$|\Delta \boldsymbol{k}| = 2|\boldsymbol{k}| \sin \theta = 2\frac{2\pi}{\lambda} \sin \theta = |\boldsymbol{G}| = n|\boldsymbol{a}^*| = \frac{2\pi n}{d} \quad (n:整数) \tag{4.11}$$

から,

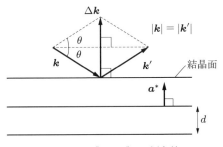

図 4.11 ブラッグの回折条件

$$2d\sin\theta = n\lambda \quad (n：整数) \tag{4.12}$$

となる．これはブラッグの法則にほかならない．

逆格子点全体は式 (4.10) で表されるが，実際の回折実験では，そのすべてが回折スポットとして得られるわけではない．入射波の波数ベクトルに依存して決まる $\Delta\boldsymbol{k}$ に対して，回折条件 $\Delta\boldsymbol{k} = \boldsymbol{G}$ を満たす逆格子点だけが得られる．そのような逆格子点をわかりやすく図示する方法として，**エワルド球**（Ewald sphere）がある．3次元の結晶構造に対するエワルド球は，以下の手順で作図する．表面の2次元構造に対しては，逆格子点を逆格子ロッドと読み替えて考えればよい．

(1) 入射波の波数ベクトル $\boldsymbol{k}$ を入射方向に描き，その先端が一つの逆格子点に到達するように始点を定める．

(2) 始点を中心に半径 $2\pi/\lambda = |\boldsymbol{k}|$ の球を描く．

(3) 始点から球と重なった逆格子点に向かうベクトルは散乱波の波数ベクトル $\boldsymbol{k}'$ であり，球と重なった逆格子点に対応した回折スポットが現れる．

散乱ベクトル $\Delta\boldsymbol{k} = \boldsymbol{k}' - \boldsymbol{k}$ は，$\boldsymbol{k}$ の先端から $\boldsymbol{k}'$ の先端に向かうベクトルとして作図できるから，回折条件を満たすには，$|\boldsymbol{k}| = |\boldsymbol{k}'|$ かつ，どちらの波数ベクトルの先端も逆格子点上にあるようにとればよい．上記の作図方法では，手順1でまず $\boldsymbol{k}$ の先端を逆格子点上にとり，手順2，3で $|\boldsymbol{k}| = |\boldsymbol{k}'|$ かつ先端が逆格子点上にある $\boldsymbol{k}'$ を求めている．したがって，$\boldsymbol{k}$ の先端から $\boldsymbol{k}'$ の先端に向かって結べば，必ず $\Delta\boldsymbol{k} = \boldsymbol{G}$ が満たされることになる．

4.3.2 低エネルギー電子線回折

低エネルギー電子線回折（low energy electron diffraction：**LEED**，図4.12）は，電子線回折によって表面構造を解析する方法の一つである（「リード」と読むことが多い）．LEED 装置の構造の概略を**図4.13**に示す．

電子銃に正対した試料を覆うように，球面状のグリッド電極と蛍光スクリーンが設置されている．LEED は試料の正面から電子線を照射するため，蒸着装置やその他の分析装置と併用するのは困難である．

電子銃で加速された電子は，試料表面にほぼ垂直に照射される．電子源としては，LaB_6 や W などをフィラメントとした熱電子を用いる．照射された電子は，表面の原子配列によって散乱されて，グリッド電極とスクリーンに向かう．

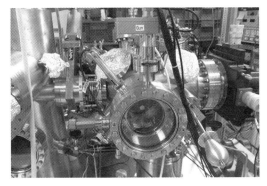

図 4.12 LEED 装置

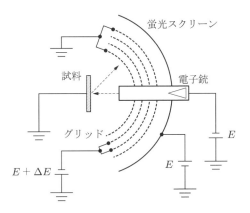

図 4.13 LEED 装置の構造の模式図

　グリッド電極には，電子銃の加速電圧とほぼ等しい電圧が印加されている．このため，入射電子よりエネルギーが低い，二次電子や非弾性散乱した電子はグリッド電極で阻止され，弾性散乱した電子のみが電極を通過できる．メッシュ状のグリッド電極による電場は，局所的には一様な球形電場にならない．電極を複数枚で構成することで，散乱電子の方向を乱さないようにしている．最も外側の2枚は接地されており，電場を遮蔽する．

　グリッド電極を通過した散乱電子は，高電位の蛍光スクリーンに向かって再び加速されて衝突し，光点として観測される．このスクリーン上に現れる回折スポットを，カメラで記録して解析する．

　通常，入射電子は数10〜数100 V の電圧で加速される．4.1.2項で述べたように，このエネルギー範囲の電子の平均自由行程はおおむね 1 nm 以下であり，出てくる

電子は，その多くが表面から 2, 3 原子層までの深さで散乱されたものである．つまり，この装置で観測される電子波の回折パターンは，そのような表面付近の原子の配列構造によって生じたものとなる．

LEED の回折スポットの位置をエワルド球で考えてみよう．**図 4.14** に示すように，2 次元の表面実格子に対しては，逆格子点の代わりに表面に垂直な逆格子ロッドを考える．

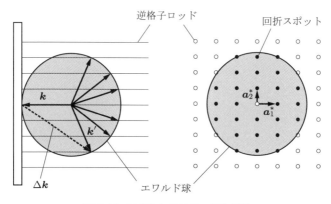

図 4.14　LEED におけるエワルド球

電子は試料表面にほぼ垂直に入射されるので，入射波の波数ベクトル k は逆格子ロッドの一つに重なっているとみなしてよい．式 (4.1) より，入射電子のエネルギー E に対応した半径

$$|k| = \frac{2\pi}{\lambda} = \frac{2\pi}{h}\sqrt{2mE} = \frac{\sqrt{2mE}}{\hbar} \tag{4.13}$$

のエワルド球を，k の始点を中心として描く．この球面と逆格子ロッドの交点が，回折スポットとして蛍光スクリーン上に現れる．球の中心から，球と逆格子ロッドの交点に向かうベクトルが散乱波の波数ベクトル k' であり，k の先端から k' の先端に向かうベクトルが散乱ベクトル Δk になる．

2 次元の逆格子ベクトル G は，表面実格子と同一の平面内で定義されるが，これは逆格子ロッドと同じく，3 次元において表面に垂直な方向を任意として省略したものである．したがって，逆格子ロッド上の点に向かうベクトルがすべて G となっており，回折条件 $\Delta k = G$ が満たされている．回折スポットの観察は，図 4.14 の右側のように試料を正面から見た状態で行われるので，G は定義どおり，2 次元のベクトル $G = la_1^* + ma_2^*$ で表される．実際の Cu(111) 面の LEED 回折スポット

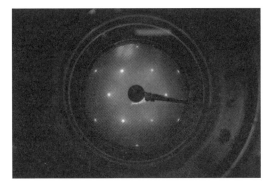

図 4.15　Cu(111) 面の LEED 回折像

の例を図 4.15 に示す.

　実験では，加速電圧を徐々に上げて，入射電子のエネルギーを大きくしていく．式 (4.13) より，入射電子のエネルギーが大きくなるとエワルド球の半径は大きくなり，多くの逆格子ロッドと交差するようになる．このときスクリーン上では，図 4.16 に示すように，すでに見えていた回折スポットは中心に寄っていき，その外側に新しい回折スポットが現れてくるように観察される.

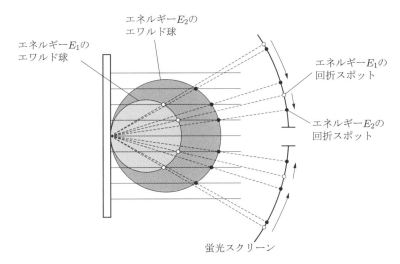

図 4.16　入射エネルギー増大による回折スポットの変化

4.3.3 反射高エネルギー電子線回折

LEEDと同じ電子線回折であるが，加速電圧が50～100 kV程度と，より高エネルギーの電子を用いる方法が，**反射高エネルギー電子線回折**（reflection high energy electron diffraction：RHEED）である．（日本では「アールヒード」と読むことが多い）．このエネルギーの電子の平均自由行程は数10 nmであるため，垂直に入射させると試料の内部まで電子が入り込む．これによって得られる回折像には，表面構造の格子のほか，バルクの結晶格子によるものも含まれてしまう．また，このように内部まで入り込む電子は多重散乱をするようになるため，その影響で回折像の解析が難しくなってしまう．

こうした問題を避けて，表面構造を反映した回折像を得るために，RHEEDでは試料表面に対して浅い角度で電子を入射させる．これにより，長い平均自由行程であっても電子は試料深くまで入り込まなくなるため，表面近傍の原子配列による散乱の回折像だけが得られる．

RHEEDのエワルド球と回折スポットの位置は，**図4.17**のようになる．RHEEDは入射電子のエネルギーが大きいため，エワルド球の半径$|\boldsymbol{k}|$も大きい．したがって回折スポットとして観察されるエワルド球と逆格子ロッドの交点は，奥行き方向には少なく，左右方向に多い．これらの交点を奥行き方向に投影する形になるため，回折スポットは試料表面の影であるシャドウエッジの上側に，いくつかの同心半円

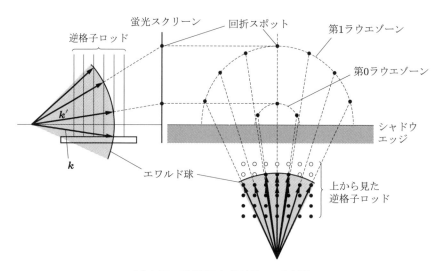

図4.17 RHEEDにおけるエワルド球

状に並んで現れる．これらの半円は内側から順に，第 0 ラウエゾーン，第 1 ラウエゾーン，第 2 ラウエゾーン，...とよばれる．このように，RHEED では逆格子ロッドの並びは歪んでスクリーン上に現れる．

試料に対して横から電子を照射するため，RHEED では試料正面（真上）の空間を自由に利用できる．これにより，表面上に薄膜を成長させながら，その薄膜の結晶格子の構造を RHEED の回折スポットで評価するといった，その場観察（*in situ* measurement）の実験が可能になる[†]．

たとえば，基板上に整合した格子で物質を成長させるエピタキシャル成長（epitaxial growth）の場合，その過程で RHEED の回折スポットの強度が時間的に振動する．これは RHEED 振動とよばれるもので，以下のような基板表面の格子の規則性に応じた変化である．

(1) 最初は，基板の結晶構造による回折スポットが明るく観測される．
(2) この基板上に物質が堆積し始めると，堆積物質の格子による電子線の散乱によって回折スポットが暗くなる．
(3) その後，完全に 1 層ぶんが堆積されると，その新しい表面の結晶構造によって回折スポットが再び明るくなる．

このように，各層の成長に伴って回折スポットの明るさが振動する．この方法は，成膜時の堆積量を 1 層ずつ計測できる利点があり，層数を高精度に制御するために利用される．

4.3.4 表面超構造の逆格子

3.2.2 項で述べたように，表面超構造の基本格子ベクトル (b_1, b_2) を，基板の基本格子ベクトル (a_1, a_2) を用いて行列記法で表すと，

$$\begin{pmatrix} b_1 \\ b_2 \end{pmatrix} = \begin{pmatrix} K_{11} & K_{12} \\ K_{21} & K_{22} \end{pmatrix} \begin{pmatrix} a_1 \\ a_2 \end{pmatrix} = K \begin{pmatrix} a_1 \\ a_2 \end{pmatrix} \tag{4.14}$$

となる．逆格子でも同様に，表面超構造の基本逆格子ベクトル (b_1^*, b_2^*) は，基板の基本逆格子ベクトル (a_1^*, a_2^*) を用いて

[†] *in situ* は「インサイチュ」または「インシチュ」と読む．ラテン語に由来する言葉で，「その場で」という意味で用いられる．

$$\begin{pmatrix} \boldsymbol{b}_1^* \\ \boldsymbol{b}_2^* \end{pmatrix} = \begin{pmatrix} K_{11}^* & K_{12}^* \\ K_{21}^* & K_{22}^* \end{pmatrix} \begin{pmatrix} \boldsymbol{a}_1^* \\ \boldsymbol{a}_2^* \end{pmatrix} = K^* \begin{pmatrix} \boldsymbol{a}_1^* \\ \boldsymbol{a}_2^* \end{pmatrix} \tag{4.15}$$

と表せる．このとき，K と K^* の間には，

$$K^* = (K^{-1})^T = (K^T)^{-1} \tag{4.16}$$

の関係が成り立つ（逆格子ベクトルの定義から，簡単に証明できる）．行列の性質より，式 (4.16) は K と K^* を入れ替えても成り立つ．この関係を用いると，LEED などの回折パターンから，実空間の表面における超構造を求めることができる．

単純な例で考えてみよう．元素 A からなる基板表面の LEED 回折パターンが既知で，この基板表面の実格子と逆格子が，**図 4.18** のようにわかっているとする．ここでは，説明を簡単にするため $|\boldsymbol{a}_1| > |\boldsymbol{a}_2|$ であるとする．

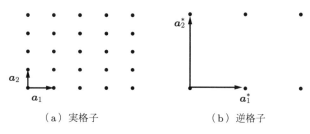

（a）実格子　　　　　　　（b）逆格子

図 4.18　既知の基板表面の実格子と逆格子

その後，この基板表面に別の元素 B を吸着させて超構造を形成したところ，その LEED 回折パターンが**図 4.19** のように得られたとする．図において，白丸が超構造による回折パターンで，黒丸は既知である基板表面の回折パターンである．

図の回折パターンから，

$$\boldsymbol{b}_1^* = \frac{1}{2}\boldsymbol{a}_1^*, \quad \boldsymbol{b}_2^* = -\frac{1}{4}\boldsymbol{a}_1^* + \frac{1}{2}\boldsymbol{a}_2^* \tag{4.17}$$

すなわち，

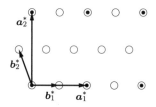

図 4.19　超構造の回折パターン

$$\begin{pmatrix} \boldsymbol{b}_1^* \\ \boldsymbol{b}_2^* \end{pmatrix} = K^* \begin{pmatrix} \boldsymbol{a}_1^* \\ \boldsymbol{a}_2^* \end{pmatrix} = \begin{pmatrix} 1/2 & 0 \\ -1/4 & 1/2 \end{pmatrix} \begin{pmatrix} \boldsymbol{a}_1^* \\ \boldsymbol{a}_2^* \end{pmatrix} \tag{4.18}$$

であることがわかる. したがって,

$$K = \left((K^*)^T \right)^{-1} = \begin{pmatrix} 1/2 & -1/4 \\ 0 & 1/2 \end{pmatrix}^{-1} = \begin{pmatrix} 2 & 1 \\ 0 & 2 \end{pmatrix} \tag{4.19}$$

であるから, 超構造の実格子は

$$\begin{pmatrix} \boldsymbol{b}_1 \\ \boldsymbol{b}_2 \end{pmatrix} = K \begin{pmatrix} \boldsymbol{a}_1 \\ \boldsymbol{a}_2 \end{pmatrix} = \begin{pmatrix} 2 & 1 \\ 0 & 2 \end{pmatrix} \begin{pmatrix} \boldsymbol{a}_1 \\ \boldsymbol{a}_2 \end{pmatrix} \tag{4.20}$$

となる. つまり, 図 4.20 の白丸のようになることがわかり, 元素 B の吸着した構造を推定できる.

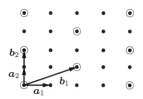

図 4.20 超構造の実格子

基板表面の実格子が正方格子（$|\boldsymbol{a}_1| = |\boldsymbol{a}_2|$）の場合, 図 4.20 と同様の配置で元素 B が吸着すると, 図 4.21 (a) のように互いに 90° 回転した二つの配列は同じ対称性をもち, どちらも存在可能である. そのため, 実際の試料表面には両者の領域が混在し, 観察される超構造の回折スポットは, それぞれの逆格子を重ね合わせた図 (b) のようになる.

（a）実格子　　　　　　　（b）回折スポット

図 4.21 基板表面の実格子が正方格子の場合

4.4　走査型プローブ顕微鏡

　走査型プローブ顕微鏡は，きわめて微小な探針（プローブ）で試料表面をなぞるように走査し，プローブと表面の相互作用を検出することで，試料表面の3次元形状を観察する手法である．利用する相互作用や，その検出方法に応じて様々な種類があり，現在でも技術開発が続けられている．ここでは，代表的なものとして走査型トンネル顕微鏡および原子間力顕微鏡を取り上げる．

4.4.1　走査型トンネル顕微鏡

　走査型トンネル顕微鏡（scanning tunneling microscope：STM）は，最初に開発された走査型プローブ顕微鏡である．原子一つひとつの像をはじめて観察できただけでなく，それらを操作できることをも示した点で，ナノテクノロジーにとってエポックメイキングな装置であった．**図4.22**にSTMの構造概略を，**図4.23**に測定プローブ付近の写真を示す．

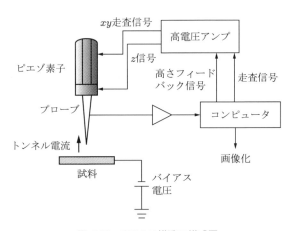

図 4.22　STM の構造の模式図

　鋭くとがった金属プローブを，約 1 nm 程度まで試料表面に近づけて，バイアス電圧（bias voltage）を印加する．プローブと試料表面の間は真空で隔てられているが，量子力学的効果によって，両者の間隔に依存したトンネル電流が流れる．これを利用することで試料の表面形状が測定できる．

　プローブはピエゾ素子（piezoelectric device，圧電素子）に設置され，3次元的に移動できるようになっている．ピエゾ素子は，強誘電性セラミックスからなり，印

図 4.23 STM の測定プローブ付近
オミクロン社製 VT-STM. 写真中央が金属製プローブ. 上向きに取り付けられて
いる（図 4.22 とは上下逆）.

加された電圧に応じて伸び縮みする. 200 V 程度の印加電圧で最大変位が数 μm と
なる, 円筒状のものがよく使用されている. この円筒の側面に正負の電圧を印加し,
先端部を x, y, z の 3 方向に変位させ, プローブの位置を制御する.

　プローブと試料表面の距離を表す方向を z とし, x 方向と y 方向にそれぞれ一定
周期の三角波電圧を印加する. x 方向の周期を短く, y 方向の周期を長くすれば, プ
ローブは x 方向の往復を繰り返しながら少しずつ y 方向に移動する. こうして, 試
料表面の一定領域を走査させる.

　試料表面の凹凸情報を取得するには, 二つの異なる方法が利用できる（**図 4.24**）.
一つはトンネル電流の変化を計測する方法で, プローブの z 方向位置を保って走査
しながら, xy 平面上の各点でのトンネル電流値をプロットすることで像を得る. こ
れを**一定高さモード**（constant height mode）とよび, 電流値の大きさに応じたコ
ントラストをもつ 2 次元画像（電流像）が得られる.

　もう一つは, トンネル電流を一定に保つように, つまりプローブと表面の間隔を一

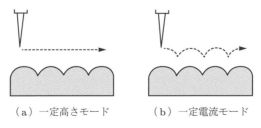

（a）一定高さモード　　　（b）一定電流モード

図 4.24 STM の観察モード

定に保つように z 方向位置をフィードバック制御し，その制御電圧信号の変化から，表面形状をコンピュータで画像化する方法である．これを**一定電流モード**（constant current mode）とよぶ．この方法では，立体地図のような表面の3次元画像が得られ，これは**トポグラフィー**（topography）とよばれる．通常は一定電流モードが用いられる．

　トンネル電流は，一般的な観察条件では pA～nA の範囲と非常に小さいものの，プローブと試料表面の間隔に依存して指数関数的に減少し，z 方向の距離の変化に対して非常に鋭敏である（note4.1 参照）．そのため，STM では原子レベルのごくわずかな凹凸も検出可能となっている．この微小な電流を高精度なアンプによって電流‐電圧変換し，増幅して計測またはフィードバック制御に用いる（10^8 倍程度の増幅率）．

　プローブは，タングステンのワイヤ先端を電気化学反応によって鋭く加工したものや（**図 4.25**），プラチナ・イリジウム合金のワイヤをニッパなどで機械的に切断し，鋭くしたものが使用されることが多い．このようなプローブの先端部分の曲率半径は 10 nm 程度であり，原子1個よりもはるかに大きい．しかし，トンネル電流のほとんどは，プローブ先端部の原子1個から，その直下の試料の原子へと流れるため，x，y 方向にも原子レベルの分解能を実現することができる．

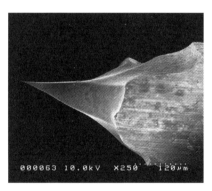

図 4.25　電気化学研磨によって作成したプローブの SEM 像

　トンネル電流の流れやすさは，試料中の原子構造や電子の状態密度を反映している．**図 4.26** は，試料とプローブの電子状態密度を模式的に示したものである．ここでは，試料に負のバイアス電圧を印加した場合を図示している．試料のほうが低電位となるので，その電子状態は高エネルギー側にずれ，電子がポテンシャル障壁を通過してプローブ側へ移動することでトンネル電流が流れる．バイアス電圧を負側

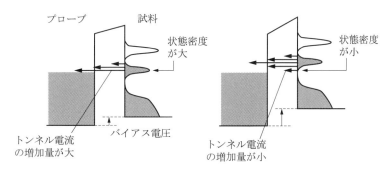

図 4.26 STS の原理

に大きくしていくと，プローブのフェルミ準位より高エネルギーになる試料の電子数が増えるので，それに伴ってトンネル電流も増加していく．このときのトンネル電流の増加量は，図に示すように試料の電子状態密度を反映する．したがって，試料上のある 1 点においてバイアス電流を変化させ，それに伴うトンネル電流の変化を記録することで，その位置の電子の状態密度（表面状態密度）を知ることができる．試料に印加するバイアス電圧を負とすることで電子の占有状態がわかり，反対に正とすることで電子の非占有状態がわかる．これを**走査型トンネル分光**（scanning tunneling spectroscopy：**STS**）とよぶ．STS は，STM のもつ高い空間分解能を活かして，試料の空間的な表面状態密度の違いを可視化できる手法である．

　STM はトンネル電流を利用するため，観察できる試料に制限があり，とくに基板（バルク材料）は導電性の物質でなければならない．多くの有機分子の導電性は高くないが，2，3 分子層以下であれば分子を通したトンネル電流を検出できるため，STM 像を得ることができる．得られる STM 像は，分子の電子軌道よりも分子の立体構造を反映させた像になっていることが多い．大気中においては表面に様々な物質が吸着してしまうため，高分解能の顕微鏡像を得るためには超高真空下での観察が必要であるが，水や有機溶媒内において，基板上に吸着した有機分子の形状に対応した像を観察できることも報告されている．

　顕微鏡として表面の画像を取得するだけではなく，STM を原子の操作ツールとして利用する方法も示されている．バイアス電圧を変化させて，プローブとその直下の試料原子・分子の間にはたらく相互作用を強めたり弱めたりすることで，原子や分子を吸着・離脱させ，任意の位置に移動させることが可能である．このような技術は，STM の開発後まもない時期から実証されており，原子を並べることでアルファベットを書いたり，絵を描いてアニメーションを作成したりといったデモンス

トレーションのほか，論理回路ゲートを作製するなどの結果が報告されている．そのほか，基板上に作製した長い鎖状の試料の一端をプローブに吸着させて，プローブと基板を電極とすることで試料の電圧 – 電流特性を計測する実験や，二つの隣接する分子に電圧を印加して分子間の化学反応を誘起する実験なども報告されている．

note4.1　トンネル効果

　図 4.27 のような形の斜面に静かに球を置き，転がり落とすとしよう．古典力学では，球が中央にある山を乗り越えて進むことができるのは，山の高さ以上の位置に球を置いた場合だけである．すなわち古典力学では，ポテンシャル障壁より小さなエネルギーしかもたない物体は壁を越えられない．しかし量子力学では，ポテンシャル障壁より低いエネルギーの物体も，ある確率で壁を通り抜けて進むことができる．この現象を**トンネル効果**（tunnelling effect）という．STM は，これによって電子が移動することで流れる電流（トンネル電流）を利用したものである．

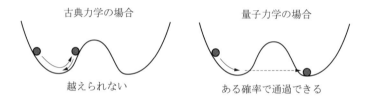

図 4.27　トンネル効果

　トンネル効果の起こりやすさ（トンネル確率）とポテンシャル障壁の関係を導出してみよう．図 4.28 のように，$0 < z < t$ に大きさ U のポテンシャル障壁が存在し，それ以外ではポテンシャルが 0 である系を考える．ポテンシャル障壁に向かって左から粒子が入射するとし，入射粒子を表す波動関数の振幅を A とする．また，反射波の振幅を B，透過波の振幅を C とする．F，G はポテンシャル障壁内での波動関数の振幅である．この系における波動関数は，時間に依存しない 1 次元のシュレディンガー方程式

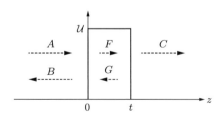

図 4.28　ポテンシャル障壁と波動関数の振幅

$$\left(-\frac{\hbar^2}{2m}\frac{\mathrm{d}^2}{\mathrm{d}z^2} + \mathcal{U}\right)\psi = E\psi \tag{4.21}$$

を解いて求められる．ここで，m と E は粒子の質量とエネルギーである．

各領域における式 (4.21) の解は，次のようになる．

$$z \leq 0: \quad \psi_1(z) = A\exp ikz + B\exp(-ikz), \quad k = \frac{\sqrt{2mE}}{\hbar} \tag{4.22}$$

$$0 \leq z \leq t: \quad \psi_2(z) = F\exp\alpha z + G\exp(-\alpha z), \quad \alpha = \frac{\sqrt{2m(\mathcal{U}-E)}}{\hbar} \tag{4.23}$$

$$t \leq z: \quad \psi_3(z) = C\exp ikz, \quad k = \frac{\sqrt{2mE}}{\hbar} \tag{4.24}$$

各成分の振幅 $A\sim F$ は，これらが $z = 0$ および $z = t$ において滑らかに連続するという，以下の四つの境界条件から求められる．

$$\psi_1(0) = \psi_2(0), \quad \left(\frac{\mathrm{d}\psi_1}{\mathrm{d}z}\right)_{z=0} = \left(\frac{\mathrm{d}\psi_2}{\mathrm{d}z}\right)_{z=0},$$

$$\psi_2(t) = \psi_3(t), \quad \left(\frac{\mathrm{d}\psi_2}{\mathrm{d}z}\right)_{z=t} = \left(\frac{\mathrm{d}\psi_3}{\mathrm{d}z}\right)_{z=t} \tag{4.25}$$

以上から，粒子の透過確率，すなわちトンネル確率 $T = C^2/A^2$ が

$$\begin{aligned}
T &= \left\{\cosh^2\alpha t - \left(\frac{\alpha^2 - k^2}{2i\alpha k}\right)^2\sinh^2\alpha t\right\}^{-1}\\
&= \left\{\cosh^2\alpha t - \sinh^2\alpha t + \left(\frac{\alpha^2 + k^2}{2\alpha k}\right)^2\sinh^2\alpha t\right\}^{-1}\\
&= \left\{1 + \frac{(\alpha^2 + k^2)^2}{4\alpha^2 k^2}\sinh^2\alpha t\right\}^{-1}
\end{aligned} \tag{4.26}$$

と得られる．ここで，通常は $\alpha t \gg 1$ であることから，$\sinh^2\alpha t \cong (1/4)\exp 2\alpha t$ と近似でき，

$$\begin{aligned}
T &= \left\{1 + \frac{(\alpha^2 + k^2)^2}{16\alpha^2 k^2}\exp 2\alpha t\right\}^{-1} = \frac{16\alpha^2 k^2}{16\alpha^2 k^2 + (\alpha^2 + k^2)^2\exp 2\alpha t}\\
&= \frac{16\alpha^2 k^2\exp(-2\alpha t)}{16\alpha^2 k^2\exp(-2\alpha t) + (\alpha^2 + k^2)^2} \cong \frac{16\alpha^2 k^2\exp(-2\alpha t)}{(\alpha^2 + k^2)^2}\\
&= \frac{16E(\mathcal{U} - E)}{\mathcal{U}^2}\exp\left\{-2\frac{\sqrt{2m(\mathcal{U}-E)}}{\hbar}t\right\}
\end{aligned} \tag{4.27}$$

となる．上式は，壁の厚さ t に依存して，トンネル確率が指数関数的に減少していくことを表している．

　STM では，プローブと試料表面の間は真空であり，ポテンシャル障壁の高さ $\mathcal{U}$ は仕事関数 ϕ で置き換えて考えればよい．トンネル電流 I_t はトンネル確率に比例し，m を電子の質量として，式 (4.27) より

$$I_t \propto \exp\left(-2\frac{\sqrt{2m\phi}}{\hbar}t\right) = \exp(-10.2\sqrt{\phi}\,t) \tag{4.28}$$

と書ける．ただし，ϕ の単位 [eV]，t の単位 [nm] である．たとえば，試料を Au（$\phi =$ 約 5 eV）として負のバイアス電圧を印加した場合，間隔 t が 0.1 nm から 0.2 nm に変化したとすると，トンネル電流 I_t は 1 桁小さくなる．このように STM は，トンネル電流が間隔 t の変化に非常に鋭敏であることを利用している．

4.4.2　原子間力顕微鏡

　STM は比較的単純な原理で原子レベルの分解能まで実現できる，優れた表面観察用顕微鏡であるが，導電性の試料しか観察できないという弱点をもっている．非導電性の試料も含めた様々な表面形状を観察できる顕微鏡として，幅広く使われる走査型プローブ顕微鏡が，**原子間力顕微鏡**（atomic force microscope：**AFM**）である．

　STM では，プローブ先端の原子から試料表面の原子へと流れるトンネル電流が測定に用いられた．AFM では，トンネル電流の代わりに，プローブ先端の原子と試料表面の原子の間にはたらく力を用いる．電気的に中性な原子どうしに力がはたらく理由は，以下のように説明できる．

　原子は，原子核の正電荷と軌道電子の負電荷がつり合うことで，全体として電荷 0 となっている．また，電子は波としての性質を示し，軌道全体に広がる電子雲となって原子核を覆うように存在するため，原子単体は極性ももたない．しかし，量子力学的なゆらぎによって電子雲の分布が偏ることで，瞬間的には電気双極子が生じている．この電気双極子の電場によって，別の原子にも電気双極子が誘起されることで，中性原子どうしの間に電気的な引力が発生する．これを**ファン・デル・ワールス力**（van der Waals force）とよぶ．ファン・デル・ワールス力のポテンシャルは原子の中心間距離 r の -6 乗に比例し，これだけを考えると二つの中性原子は $r = 0$ で安定である．しかし，r が小さくなって互いの電子雲どうしが重なるようになると，電気的および量子力学的な斥力が生じる．以上をまとめると，二つの中性原子間にはたらく力のポテンシャル $\mathcal{U}(r)$ は，

$$\mathcal{U}(r) = Ar^{-12} - Br^{-6} \tag{4.29}$$

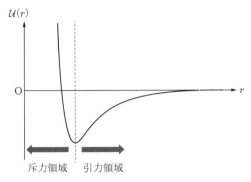

図4.29　レナード・ジョーンズポテンシャル

と表すことができる．これを**レナード・ジョーンズポテンシャル**（Lennard-Jones potential）という（**図4.29**）．上式の右辺第2項はファン・デル・ワールス力のポテンシャルに対応する．右辺第1項は斥力のポテンシャルに対応するが，r の指数 -12 は，第2項の指数 -6 の整数倍で扱いやすいことから選ばれたものである．レナード・ジョーンズポテンシャルは近似モデルで，パラメータ A，B は実験により決められる．

　AFMは，このような引力と斥力を検出して表面の構造を観察する．**図4.30**に，AFMの構造概略を示す．プローブには，**カンチレバー**（cantilever）とよばれる，先端に鋭い突起部を設けた片持ち梁を用いることが一般的である．この突起部の原子と試料表面の原子の間にはたらく引力または斥力を，カンチレバーの変位から検出し，試料表面を走査して計測する．変位の検出方法には様々なものがあるが，図

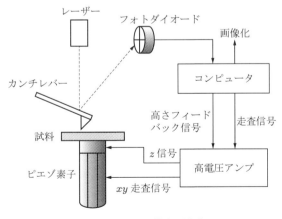

図4.30　AFMの構造の模式図

には最もポピュラーな光てこ方式（optical lever）を示している.

　光てこ方式での最も基本的な検出メカニズムでは，カンチレバーの背面にレーザーを照射し，その反射光の位置変化により変位を検出する．原子の凹凸による変位は約 0.1 nm と小さいが，それによりカンチレバーが傾くことで，反射光の角度はその2倍変化する．さらにそれを，カンチレバーから数 cm 離れた位置のフォトダイオード（photodiode）で検出することで拡大する．フォトダイオードは通常4領域に分割されており，各領域の光強度の変化（たとえば上下の光強度の差の変化）からカンチレバーの変位量がわかる.

　AFM の計測モードには，コンタクトモード，タッピングモード，ノンコンタクトモードの3種類がある（**図 4.31**）.

- **コンタクトモード**（contact mode）:

　　カンチレバーの突起部を試料表面に接触† するまで近づけ，斥力によるカンチレバーの変位をフォトダイオードで検出する．このモードでは試料にダメージを与えないよう，できるだけばね定数の小さいカンチレバーが使われるが，カンチレバーの突起部が試料表面原子によって摩耗したり，逆に試料が破損したりすることを完全には防げない．このモードは，大気中や液体中の試料表面の観察でも使用できる.

- **タッピングモード**（tapping mode）:

　　ピエゾ素子を用いてカンチレバーを共振周波数で振動させながら，試料表面に近づける．振動に伴って上下する突起部は，間欠的に試料表面に接触し，それによって振幅や位相が変化する．これを検出して試料表面の凹凸を画像化する．このモードも，大気中や液体中の試料表面の観察で使用できる.

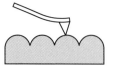 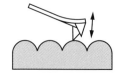 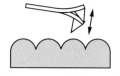

　（a）コンタクトモード　　（b）タッピングモード　　（c）ノンコンタクトモード

図 4.31　AFM の計測モード

---

†　一般的には，ポテンシャル $\mathcal{U}(r) = 0$ となる距離，すなわち図 4.29 におけるゼロクロス点を原子どうしが接触する距離とすることが多い.

- **ノンコンタクトモード**（noncontact mode）：

タッピングモードと同様にカンチレバーを共振させるが，突起部と試料表面は接触させない．このモードでは試料表面から受ける力が弱いため，カンチレバーの振幅はほとんど変化しない．周波数の変化を検出することで試料表面の顕微鏡像を得る．おもに超高真空中で使用されることが多く，原子レベルの分解能を得られる．大気中や液体中で使用できるシステムも開発が進められている．

いずれのモードでも，カンチレバーの変位や振幅，周波数が一定になるよう，突起部と試料表面の距離をフィードバック制御し，その制御信号を画像化してトポグラフィーとすることが多い．光てこ方式では，カンチレバーはレーザーやフォトダイオードなどの部品と一体でなければならないため，カンチレバー側を動かして制御するのは質量や剛性の面で難があり，時間応答性が悪くなる．後述の qPlus センサー型を除き，多くの AFM は試料をピエゾ素子で動かして制御する構造になっている．

理想的には，試料表面とカンチレバー突起部の単一原子どうしの間にはたらく原子間力によって，顕微鏡像が得られるが，実際には複数原子の影響を受ける．とくに，コンタクトモードでは原子配列に対応した周期的な構造が AFM 像として観察されても，実際には試料表面と摩耗した突起部分との，複数原子どうしの相互作用の総和を反映した像である．ノンコンタクトモードにおいてもこれは同じであるが，レナード・ジョーンズポテンシャルでは距離の -7 乗で力が減衰するので，先端部が単一原子に近い場合はほぼ単一の原子間の力と考えられる．したがって原理的には，カンチレバーの突起部が鋭いほど高分解能である．ただし，試料との接触で破損しやすくもなる．一方，試料表面の摩擦力や吸着力を評価する場合，突起部の先端には一定の面積があるほうが望ましい．また，固い（ばね定数が大きい）カンチレバーは共振周波数が高く時間応答性がよくなるが，表面を傷つける可能性もある．これらを考慮し，実験用途に応じてカンチレバーのばね定数や突起部形状を決める．一般的なカンチレバーは，シリコン Si や窒化シリコン Si_3N_4 を材料として，異方性エッチングなどの微細加工技術によって作られる（**図 4.32**）．シリコン製の場合，長さ $200\,\mu m \times$ 幅 $20\,\mu m$ 程度の梁の先に，$10\,\mu m$ 程度の高さの角錐（または円錐）状の突起が付いているものが標準的である．突起先端部の曲率半径は数 nm〜10 nm である．シリコンカンチレバーのほうが固く，ばね定数が大きい．

光てこ方式以外に，qPlus センサーとよばれるチューニングフォーク（tuning fork）

（a）Si カンチレバー　　　　　　　　　（b）Si₃N₄ カンチレバー

図 4.32　シリコンカンチレバーと窒化シリコンカンチレバー

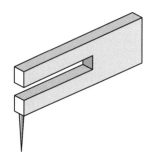

図 4.33　qPlus センサーのチューニングフォークの模式図

型プローブも，高分解能での観察を目的としたノンコンタクト AFM のために開発され，使用されている [9, 10]．このセンサーは，その名前のとおり，図 4.33 に示す音叉（チューニングフォーク）のような二又の水晶振動子の片腕に針状の突起部を付け，他腕をセンサー基板に接着固定したものである．圧電素子である水晶振動子は，それぞれ固有の共振周波数をもち，それに一致する周波数の交流電圧が印加されると機械的に振動する．これを用いて共振回路を構成すると，水晶振動子の振動は回路の共振として電気的に検出される．水晶振動子に付けた突起部先端を試料表面に近づけると，作用する原子間力に応じて水晶振動子の共振周波数が変化するので，回路の共振周波数も変化する．この周波数変化を検出することで，表面の AFM 像を得る．qPlus センサーの利点としては，

- 水晶振動子は急峻な周波数特性をもち，共振周波数から少しずれただけで振幅が急減する（共振の Q 値が高い）．そのため高分解能での計測ができる．
- 水晶振動子はシリコンカンチレバーより固いため，共振周波数が高く，高速な

走査・観察が可能である．

- レーザー光などの光学系が不要で構造がシンプルなため，超高真空などの環境に適している．
- 先端部に STM プローブと同じ材料を用いてトンネル電流を測定することで，STM 像を得ることも可能となる．

などが挙げられる．

　カンチレバー突起部と試料表面の間にはたらく力の距離依存性は，両者の組み合わせにより異なる．この距離依存性の測定を**フォースカーブ**（force curve）測定という．コンタクトモードの場合のフォースカーブ測定の模式図を**図 4.34** に示す．カンチレバーを試料表面に近づけていくと，試料からの引力を受けて，カンチレバーが試料側に曲げられる．その後，さらに試料表面に近づけると，試料表面からの斥力によってカンチレバーは試料とは反対側に反る．ある程度，カンチレバーが反った状態から，カンチレバーを試料から遠ざけると徐々にカンチレバーの反りは解消される．カンチレバーが試料表面からの引力を受けている場合や，カンチレバー先端部と試料表面の間に化学的な結合がある場合には，さらに離しても試料側に曲げられる．カンチレバーの復元力が試料表面からの引力に勝った位置で，カンチレバーの曲げは急激に解消されて，カンチレバーの変位はゼロになる．カンチレバーの曲げが解消されるときの力から，カンチレバーが試料表面から受けていた引力（結合力）を推定することができる．試料表面上で位置を変えて，このような測定を行うことで，表面上の引力（あるいは結合力）や相互作用の空間分布を得ることもできる．

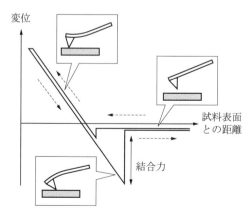

図 4.34　フォースカーブ測定（コンタクトモード）

　空間分解能は低いが，大気中や液中においてもフォースカーブを測定できる．この技術は，生体分子の特異的な結合や相互作用の解析に役立てられる．たとえば，生体内に存在する抗体（antibody）は，外部から侵入してきた特定の異物（抗原（antigen））に対して，結合することで免疫反応を引き起こす．このような抗原 - 抗体反応の相互作用の強さを測定するために，抗原をカンチレバーの先端に結合させ，基板上にそれに対応する抗体タンパク質を固定して，フォースカーブが測定されている．このフォースカーブで測定された結合力の大きさは，抗原 - 抗体間の特異的な相互作用（antigen-antibody interaction）に対応する[11]．

　ノンコンタクトモードのフォースカーブは，カンチレバーが試料表面と接触しない距離において，表面の原子から受ける引力をカンチレバーの共振周波数変化から求め，距離に対してプロットすることで取得できる．実際に，Si，Sn，Pb の原子上でこのようなフォースカーブをとった場合には，元素ごとにカーブの形が異なり，カンチレバー先端部の原子との引力が，元素に依存して異なっていることが観測されている[12]．

note4.2　カンチレバーの振動モデル

　ノンコンタクトモードにおけるカンチレバーと試料の間にはたらく原子間力の検出原理を，力学的振動モデルで考えてみよう．試料表面からカンチレバー先端までの距離を r とする．カンチレバーの振動は，**図 4.35** に示すような，1 次元のばね・ダッシュポット・質量系で近似できるとする．この系の運動方程式は，つり合いの位置 $r = r_0$ を原点として鉛直上向きに z 軸をとり，次式で表される．

$$m\frac{\mathrm{d}^2 z}{\mathrm{d}t^2} + \Gamma\frac{\mathrm{d}z}{\mathrm{d}t} + kz = E(t) \tag{4.30}$$

ここで，k はばね定数，m は質量である．Γ はダッシュポットの粘性減衰係数で，$\Gamma\,\mathrm{d}z/\mathrm{d}t$ はカンチレバー自身の材料粘性や周囲の大気または溶液から受ける粘性抵抗に伴う減衰

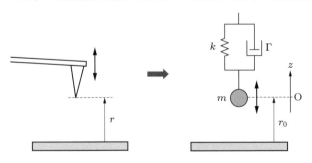

図 4.35　カンチレバーの振動モデル

力を表している．右辺 $E(t)$ はカンチレバーに加わる外力を表す．

まず，試料表面からの距離 r が十分大きく，カンチレバーには加振力として角周波数 ω（周波数 $\omega/2\pi$）の周期的外力 $E(t) = E_a \exp i\omega t$ のみが作用する場合を考える．定常状態では，カンチレバーの振動の周波数は外力の周波数に一致するから，$z = A \exp i(\omega t - \delta)$ と表せる†．δ は加振力に対する振動の位相の遅れである．これらを式 (4.30) に代入して両辺を整理すると，

$$\omega_n^2 - \omega^2 + i\gamma\omega = \tau \exp i\delta \tag{4.31}$$

となる．ここで，

$$\omega_n = \sqrt{\frac{k}{m}}, \quad \gamma = \frac{\Gamma}{m}, \quad \tau = \frac{E_a/m}{A} \tag{4.32}$$

である．式 (4.31) を複素平面上で表すと，**図 4.36** より

$$\tau = \sqrt{(\omega_n^2 - \omega^2)^2 + \gamma^2\omega^2}, \quad \tan\delta = \frac{\gamma\omega}{\omega_n^2 - \omega^2} \tag{4.33}$$

であることがわかる．したがって，z は次のように表される．

$$z(t) = \frac{E_a/m}{\sqrt{(\omega_n^2 - \omega^2)^2 + \gamma^2\omega^2}} \exp i(\omega t - \delta) \tag{4.34}$$

ただし，$\delta = \tan^{-1}\{\gamma\omega/(\omega_n^2 - \omega^2)\}$ である．z の振幅

$$A = \frac{E_a/m}{\sqrt{(\omega_n^2 - \omega^2)^2 + \gamma^2\omega^2}} \tag{4.35}$$

を角周波数 ω についてプロットすると，**図 4.37** のようになる．これを共振曲線という．

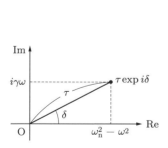

図 4.36　式 (4.31) の複素平面上での表現

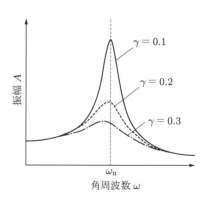

図 4.37　共振曲線

---

† 誘電体による光の吸収現象でも同様の力学モデルが用いられ，ローレンツモデルとよばれる．ローレンツモデルでは $z = A \exp i(\omega t - \delta) = A' \exp i\omega t$ として，複素振幅 $A' = A \exp(-i\delta)$ を用いて振動を考える．それにより複素誘電率の概念が導かれる．

共振曲線のピーク周波数 $\omega_{\rm d}$ を共振角周波数，$f_{\rm d} = \omega_{\rm d}/2\pi$ を共振周波数という．図より わかるように，減衰が小さいほど共振曲線は鋭くなり，$\omega_{\rm d}$ は $\omega_{\rm n}$ に近づく．$\omega_{\rm n}$ は，$\gamma = 0$ すなわち減衰がないとしたときの共振角周波数である．ノンコンタクト AFM では通常，γ は十分小さく，$\omega_{\rm d} \cong \omega_{\rm n}$ とみなしてよい．

次に，r が小さいとして，周期的外力 $E(t) = E_{\rm a}\exp i\omega t$ のほか，r に依存する原子間 力 $F(r)$ が作用すると単純化した場合を考える（実際の振動はこれよりも複雑である）．$r = r_0 + z$ であるから，$F(r)$ を r_0 の周りでテイラー展開し，1 次の項までをとれば，

$$F(r) = F(r_0) + \left(\frac{{\rm d}F}{{\rm d}r}\right)_{r=r_0}(r - r_0) = b + az \tag{4.36}$$

となる．ここで，$a = ({\rm d}F/{\rm d}r)_{r=r_0}$，$b = F(r_0)$ である．これが式 (4.30) 右辺に加わる から，運動方程式は次のようになる．

$$m\frac{{\rm d}^2 z}{{\rm d}t^2} + \Gamma\frac{{\rm d}z}{{\rm d}t} + kz = f(t) + az + b \tag{4.37}$$

これは以下のように変形できる．

$$m\frac{{\rm d}^2 z}{{\rm d}t^2} + \Gamma\frac{{\rm d}z}{{\rm d}t} + (k - a)\left(z - \frac{b}{k - a}\right) = f(t) \tag{4.38}$$

ここで，$k' = k - a$，$z' = z - b/(k - a)$ とおけば，最終的に

$$m\frac{{\rm d}^2 z'}{{\rm d}t^2} + \Gamma\frac{{\rm d}z'}{{\rm d}t} + k'z' = f(t) \tag{4.39}$$

という運動方程式が得られる．上式は，式 (4.30) を $z \to z'$，$k \to k'$ と置き換えただけ である．前者はつり合いの位置がずれるだけであり，振幅や位相には影響しない．後者 は見かけ上，ばね定数が変化することを表している．すなわち，原子間力がはたらくこ とで，

$$\omega_{\rm n} = \sqrt{\frac{k}{m}} \quad \to \quad \omega_{\rm n}' = \sqrt{\frac{k - a}{m}} = \sqrt{\frac{k}{m}}\left(1 - \frac{a}{k}\right)^{1/2} \cong \omega_{\rm n}\left(1 - \frac{a}{2k}\right) \tag{4.40}$$

となり，共振周波数が変化する．

原子間力は $F(r) = -{\rm d}\mathcal{U}/{\rm d}r$ で与えられるから，式 (4.36) より $a = -({\rm d}^2\mathcal{U}/{\rm d}r^2)_{r=r_0}$ となる．したがって共振周波数は，**図 4.38** に示すように，ポテンシャルの変曲点すなわ ち原子間力が極値をとる距離を境にして，遠ざかれば $a > 0$ となって低周波数側へシフ トし，近づけば $a < 0$ となって高周波数側へシフトする．ノンコンタクトモードでは，この共振角周波数（共振周波数）の変化を計測してフィードバック制御することで，つ ねに一定の距離に保つ．ノンコンタクトモードでは先端部が試料に接触しないように制 御するので，低周波数側へシフトする距離の範囲が主となる．

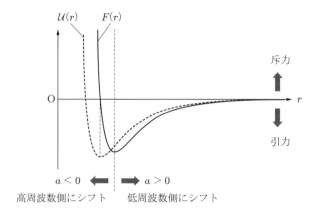

図 4.38　共振周波数のシフト

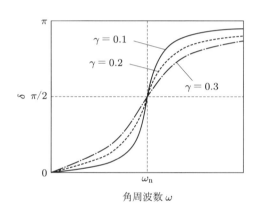

図 4.39　位相の遅れ δ の角周波数応答

　一方，位相の遅れ δ を角周波数 ω についてプロットすると，**図 4.39** のようになる．図からわかるように，δ は共振周波数付近で大きく変化する．したがって，この δ の変化を検出してフィードバック制御することも可能である．

　図 4.37 に示したように，減衰が小さいほど Q 値の大きい，鋭い共振曲線が得られ，周波数分解能が高くなる．超高真空ノンコンタクト AFM では，カンチレバーの共振周波数約 200 kHz に対して数 Hz の周波数変化を検出でき，単一原子も判別可能な顕微鏡像が得られる．一酸化炭素分子を先端部分に吸着させたカンチレバーを使用することで，分子構造の結合（ベンゼン環の六角形など）も観察されている．一般的に，大気中や液体中で観察を行う場合は減衰が大きくなるが，Q 値の制御などでかなりの分解能を得られるように工夫されている装置もある．

　タッピングモードでは，突起部が試料表面に接触することでカンチレバーに外力が加

わり，大きく周波数がシフトし，もとの周波数における振幅が小さくなる．また，接触により突起部が試料表面からの吸着力を受けることでも位相遅れが生じる．タッピングモードでは周波数変化ではなく，これらを検出してフィードバック制御し，距離を一定に保つことが多い．

4.5　電子分光技術

　ここまでは，試料表面の凹凸など，おもに形状を観察する方法について説明してきたが，ナノテクノロジーでは，試料表面を構成する元素の種類や，それらのエネルギー状態の測定も重要である．これには電子分光技術が用いられる．本節では，代表的な手法としてオージェ電子分光と光電子分光について説明する．

4.5.1　分光とは

　分光は，文字どおり解釈すれば光を分けるという意味であるが，これは歴史的経緯に由来する．プリズムや回折格子に光を通すと，波長の異なる成分ごとに分離され，各成分に応じた強度分布が観察できる．これは，「見えるもの」を意味するラテン語にちなんで**スペクトル**（spectrum）と名づけられ，スペクトルを用いた分析法のことを**分光**（spectroscopy）とよぶようになった．光の波長 λ は，光速 c，振動数 ν，エネルギー E と，$E = h\nu = hc/\lambda$ で結びつけられるから，波長の分布を知ることは，エネルギーの分布を知ることにほかならない．分光とは，これを利用してスペクトルから物質のエネルギー状態などの情報を得る手法である[†]．大きく分けて以下の 2 種類の方法がある．

- 試料に光を照射して，吸収された光のスペクトルから試料中の原子や分子のエネルギー状態を推定する．
- 試料中の原子や分子を何らかの方法で励起させ，放出された光のスペクトルからそのエネルギー状態を推定する．

いずれの場合も，試料中の原子・分子は基底状態と励起状態の間を遷移し，そのエネルギー準位差に対応した光の吸収もしくは放出が生じる．したがって，観測したい励起現象に応じて，分光で用いられる光のエネルギーも異なる．

[†] このように，スペクトルは本来，エネルギーに対応した物理量の成分を図示したものである．現在では，様々な量についてその成分を図示したものもスペクトルとよばれるようになっている．

　各種の励起現象と，対応する光のエネルギーや振動数，波長を**図 4.40** に示す．日常生活における一般的な光，つまりヒトの眼で見える可視光線の波長範囲は約 380～700 nm で，エネルギーではおよそ 3.3～1.8 eV である．これより波長が長い光が赤外線で，さらに長くなると電波と総称される領域になる．一方，可視光線より波長が短い光が紫外線で，さらに短くなると X 線の領域となる．おおざっぱには，マイクロ波から赤外線のエネルギーは原子または分子の振動による励起に，可視光線から紫外線は原子の外殻電子の励起に，X 線は原子の内殻電子の励起に対応する．

　光のスペクトルは，波長や振動数，波数を横軸にとった光の強度分布として得られるほか，半導体検出器などを用いてエネルギー分布を測定することでも得られる．

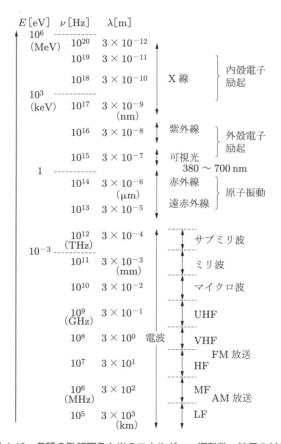

図 4.40　各種の励起現象と光のエネルギー・振動数・波長の対応
一部の呼称の範囲は目安である．電波の呼称は波長で決められているため，振動数の区分とは合っていない．

また，光の代わりに電子などの粒子を用いて，その運動エネルギーからスペクトルを得ることもでき，これらも広い意味での分光に含まれる．本節で説明する電子分光技術は，この広義の分光技術にあたる．

4.5.2　オージェ電子分光

加速した電子や，X線のような高エネルギーの電磁波を試料に照射すると，試料中の原子から内殻電子がはじき出される．この空いた軌道に外側の軌道から電子が遷移すると，軌道のエネルギー準位の差に等しいエネルギーが余剰となる．これが電磁波として放出されたものが，4.2.3項で述べた特性X線である．一方，別の電子がこの余剰エネルギーを得て，原子から放出される場合がある．これは**オージェ過程**（Auger process）とよばれ，放出された電子を**オージェ電子**（Auger electron）という．

たとえば，**図4.41**のように，入射電子によってK殻の電子がはじき出され，空いた軌道にL殻の電子が遷移してくるとしよう．K殻のエネルギー準位をε_K，L殻のエネルギー準位をε_L，フェルミ準位をε_Fとする．また，フェルミ準位を基準としたエネルギー準位の深さを，その準位の結合エネルギーといい，K殻，L殻の結合エネルギーをそれぞれ$E_K = \varepsilon_F - \varepsilon_K$，$E_L = \varepsilon_F - \varepsilon_L$で表す．したがって，L殻の電子がK殻へ遷移することで生じる余剰エネルギーは，$E_K - E_L$で表される．ほかのL殻電子がこのエネルギーを得て放出されたものが，オージェ電子である．

電磁波である特性X線の場合と異なり，負電荷をもつ電子は，原子核の正電荷による束縛を受ける．L殻電子がこの束縛を逃れて試料外に飛び出すのに要するエネルギーは，L殻の結合エネルギーE_Lと仕事関数ϕの和に等しい．したがって，計

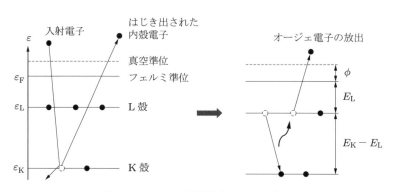

図4.41　オージェ電子放出のメカニズム

測されるオージェ電子の運動エネルギー E_{kin} は,

$$E_{kin} = (E_K - E_L) - (E_L + \phi) = E_K - 2E_L - \phi \tag{4.41}$$

となる[†]. 電子軌道のエネルギー準位は元素ごとに異なるため, オージェ電子のエネルギーから元素を特定できる. これを**オージェ電子分光**(Auger electron spectroscopy：AES) という. オージェ電子のエネルギーは 3～10 keV 程度であり, 物質中での平均自由行程はおよそ 3 nm 以下である (図 4.2 参照). それより深い位置で生じたオージェ電子は試料外部に出てくることができず, 測定されないため, AES により試料表面の元素組成を知ることができる.

AES 装置の構造はいくつかの種類があり, LEED と同じ装置が使われることもある (図 4.13 参照). 電子銃から電子を試料に照射し, 蛍光スクリーンでオージェ電子の量を計測する. グリッド電極に印加する電圧を調整して, スクリーンに到達可能な電子の運動エネルギーを変化させることで, エネルギースペクトルが得られる.

4.5.3 光電子分光

光電子分光 (photoelectron spectroscopy または photoemission spectroscopy：PES) は, 試料に光 (電磁波) を照射し, はじき出された軌道電子のエネルギースペクトルを測定することで, 試料表面の元素を分析する手法である. 図 4.40 に示したように, 束縛エネルギーが大きい内殻電子をはじき出すには X 線が必要となり, これは **X 線光電子分光** (X-ray photoelectron spectroscopy：XPS, 図 4.42) とよばれる. 外殻電子の励起には数 10 eV あれば十分であるため, 紫外線が用いられ, これは**紫外線光電子分光** (ultra-violet photoelectron spectroscopy：UPS) とよばれる.

図 4.43 に, PES 装置の構造概略を示す. 図は XPS の場合を示してあるが, UPS も基本的に同様である. 試料に X 線を照射し, 放出された電子 (光電子) を, 同心の半球状電極 2 枚からなる半球型分析器 (hemispherical analyzer, 図 4.44) に入射させる. 半球型分析器の電極間には電圧が印加され, 内側から外側に向かう一様な球形電場が形成される. 入射した光電子は電場によって軌道を曲げられるが, この軌道半径は光電子の速度に依存する. したがって, 運動エネルギーが高い光電子

[†] 厳密には, スピン軌道相互作用により電子軌道のエネルギー準位は分裂している. たとえば L 殻には, 結合エネルギーがわずかに異なる三つの準位 E_{L1}, E_{L2}, E_{L3} が存在する. したがって, 準位 E_{L1} の電子が K 殻に遷移し, 準位 E_{L2} の電子がオージェ電子となる場合, $E_{kin} = E_K - E_{L1} - E_{L2} - \phi$ となる.

図 4.42　XPS 装置
広島大学量子機能材料科学研究室

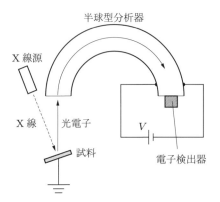

図 4.43　PES 装置の構造の模式図

図 4.44　半球型分析器

は外側（低い光電子は内側）の電極に衝突して除かれ，特定の運動エネルギーをもった光電子のみが通過できる．このように，半球型分析器は運動エネルギーのフィルターとしてはたらく．電場の強さを変化させ，各エネルギーで通過してきた光電子の数を検出器で計測することで，エネルギースペクトルが得られる．実際には，電場の強さは一定に保っておき，光電子を加速してから半球型分析器に入射させる．通過に必要となる加速エネルギーの大きさから，もとの光電子のエネルギーがわかる．

　検出器には，マイクロチャンネルプレート（micro-channel plate：MCP）などが用いられる．MCP は，ガラス板に多数の微細な貫通穴が空いた構造をしており，ガラスチューブを接着して引き伸ばす工程を繰り返し，数多く束ねたものを，レンコンの輪切りのように薄くスライスして作製される．チューブの内壁は光電効果を起こす物質でコーティングされており，電子や光が入射すると電子が放出される．こ

れらが次々と衝突を繰り返すことで増倍された電子を，底面に貼った蛍光板などで検出する．

　測定される光電子の運動エネルギーは，AES の場合と同様，試料外に飛び出すのに必要なエネルギーを照射光のエネルギーから差し引いて，

$$E_{\mathrm{kin}} = h\nu - E_{\mathrm{b}} - \phi \tag{4.42}$$

で表される．ここで，ν は照射光の振動数，E_{b} は電子軌道の結合エネルギー，ϕ は仕事関数である．XPS のスペクトルには，上式で表される光電子のスペクトルのほか，その空いた内殻の軌道に外殻電子が遷移することで生じるオージェ電子のスペクトルも現れる．オージェ電子と同様，表面近傍より深い部分からの光電子の多くは試料内部でエネルギーを失うため，検出されない．したがって，XPS では深さ数 nm 程度までの，表面付近の元素組成が分析できる．

　XPS のスペクトルの例を，図 4.45 に示す．このスペクトルは第 7 章で紹介する，Au 基板上に自己組織化単分子膜（SAM 膜）を形成した試料を分析したものである．基板の Au および有機分子（アミノウンデカンチオール分子）の構成元素である C，N，S に対応するピークが現れている．PES のスペクトルは，結合エネルギーを横軸にとる場合と，光電子の運動エネルギーを横軸にとる場合の 2 種類があり，結合エネルギーを横軸にとる場合は図のように左向きとすることが多い．式 (4.42) からわかるように，光電子の運動エネルギーと結合エネルギーの和 $E_{\mathrm{kin}} + E_{\mathrm{b}}$ は一定の

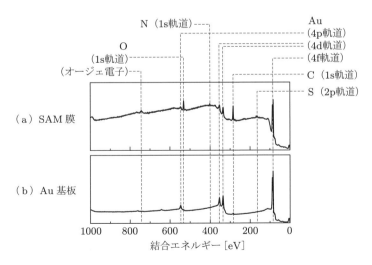

図 4.45　XPS のスペクトルの例

値となるから，このように互いに逆向きに軸をとることで，どちらの場合でもスペクトルの形状は等しくなる．

　一般的な XPS 装置では，加速した電子を金属ターゲットに衝突させて，放出される特性 X 線（4.2.3 項参照）を試料に照射する．これには Al の K_α 線（1486.6 eV）や Mg の K_α 線（1253.6 eV）が用いられる．そのほかの X 線光源としては，放射光施設とよばれる研究施設が各地に存在している[†]．**放射光**（synchrotron radiation，国内では SOR（synchrotron orbital radiation）とよばれる）とは，高エネルギーの荷電粒子が磁場によって軌道を曲げられる際に放出される電磁波のことである．放射光施設は大型の粒子加速器を備えており，その中で電子を周回させるなどして放出される放射光を利用する．その波長範囲や強度は施設によって異なり，一般に，加速器で到達可能な運動エネルギーが高いほど，波長が短く高強度な放射光が得られる．そのため，これが施設の性能の重要な指標の一つとなっている．たとえば，つくば市（茨城）の高エネルギー加速器研究機構では 2.5 GeV と 6.5 GeV，播磨科学公園都市（兵庫）の SPring-8 では 8 GeV，広島大学の HiSOR（図 4.46）では 0.7 GeV である．多くの施設で，赤外線から X 線まで広い波長範囲の電磁波が利用できる．放射光を使用する実験設備（ビームラインとよばれる）は，電子が運動する軌道の外側に複数設置されており，回折格子などによって必要な波長の電磁波だけを取り出して使うことができる．このような放射光施設で利用できる X 線は，上記の Al や Mg から発生させた特性 X 線よりも強度が勝るため，SN 比の高い，高分解能なスペクトルを短時間で得ることができる利点がある．

図 4.46　HiSOR
広島大学放射光科学研究センター提供

[†] 2023 年 4 月現在，日本国内には 8 か所存在する．また，次世代放射光施設が東北大学に建設中である．

　UPS 装置の光源には，He の気体放電で発生する 21.1 eV（波長 59 nm）または 40.8 eV（波長 30 nm）の紫外線が利用される．このような紫外線のエネルギーは，内殻電子をはじき出すには不十分であるが，外殻の価電子帯や伝導帯の電子であれば可能である．したがって UPS は，試料の構成元素やその結合状態の判別よりも，エネルギーバンドの構造や仕事関数などを調べるために用いられる．

第5章 ナノ構造の作製技術と特性

この章では，ナノメートルサイズの構造作製技術の基本的な考え方と，代表的な構造の特性について述べる．一口にナノメートルサイズの構造といっても，素材や目的によってそれぞれ大きく異なるため，それらすべてを網羅することはできない．ここでは，トップダウン，ボトムアップという大きく二つに分類した考え方と，そのいくつかの例，および単一電子トンネル現象と量子ドットという代表的なナノ構造の特性を取り上げる

5.1 ナノ構造の作製技術

5.1.1 作製方法の分類：二つのアプローチ

ナノメートルサイズの構造を作製する方法は，**トップダウン**（top down）と**ボトムアップ**（bottom up）という二つのアプローチに大別することができる．

トップダウンは，大きなものを加工して小さな構造を作製していくアプローチであり，たとえるなら，大きな木を切って木材に加工し，さらにそれを加工して小さな木工品を作っていくようなものである．この方法では，加工に合わせて道具を少しずつ精密にしていくことで，最終的に小さな構造を作製する．

一方，ボトムアップは最初に小さな部品を作っておき，それらを組み合わせて目的の構造を作製する．これもたとえるなら，単純で小さなブロックを多数組み合わせて，様々な形を作ることができるレゴブロックのようなものである．この方法では，最終的な構造よりも小さな部品を使用しなければならない．したがって，ナノメートルサイズの構造を実現するには，原子や分子を操作して組み合わせる必要がある．

本書の冒頭でも触れたファインマンの講演[1]では，上記の二つのアプローチを明確に区別して述べていない．しかし，マニピュレータのようなマスター・スレイブシステム（大きな道具を用いて，より小さな道具を操作することで加工する）を考えている点では，トップダウン的アプローチが念頭にあったと思われる．その一方

で，生物の情報システムとしての重要性や，化学と生物についても言及しており，ボトムアップ的な考えをもっていた可能性もある．

5.1.2 トップダウン的アプローチ

トップダウン的なアプローチの典型は，コンピュータに搭載される CPU やメモリ素子などの，半導体デバイス作製に利用される光リソグラフィー（photolithography）である．シリコンウエハに感光性高分子のレジスト材料を塗布し，光を照射してフォトマスク（レチクルとよばれる）に描いた素子や配線のパターンを転写する．レジスト材料には，感光した部分が硬化するタイプ（ネガ型）と，感光した部分が分解されるタイプ（ポジ型）があり，前者は感光していない部分を，後者は感光した部分を，その後の現像工程で取り除く．残ったレジスト材料をマスクとして，エッチングやイオン打ち込み，金属材料の堆積などを行って素子と配線を形成し，最後にマスクとして残ったレジスト材料も除去する．現在の半導体デバイスは，以上のようなパターンの転写・形成工程を何度も繰り返して，最終的にきわめて微細な構造を実現している．

光リソグラフィーでは，光を照射してパターンを転写するため，微細化するうえでは回折の影響を抑える必要がある．より波長の短い光を使用するとともに，それに合わせたレジスト材料の開発，工程条件の最適化などの改良を積み重ねて，いまやトランジスタのプロセスルールは 10 nm レベルにまで小さくなっている．

ただし，こうした不断の努力により進められてきた半導体デバイスの微細化も，近年では様々な理由で限界が迫っていると予想されている．たとえば高分子レジスト材料は，光の照射によって分子が結合・切断されることで硬化・分解が起こるが，分子内のどの位置が結合・切断されるかまでは制御できない．したがって，このような加工技術の改良で原子レベルの精度を実現するのは本質的に不可能である．そのため，分子エレクトロニクスとよばれる分野では，単一あるいは数個の分子をダイオードやトランジスタなどのデバイス材料として使用することが考えられている．

分子エレクトロニクスでは，分子をデバイス材料として用いるために，分子それ自体がもつ電気特性を知る必要がある．この電気特性の計測は，分子サイズに対応した数 nm の間隙をもつ微小な電極に，単一あるいは数個の分子を接続することで行われる．この電極もリソグラフィーで作製されており，これには電子線が用いられている．それでもなお単分子レベルの微細化には困難が伴うため，電子線リソグラフィーに加えてさらに様々な技術が組み合わされている．ここでは三つの技術を

紹介する.

　一つ目は，ブレークジャンクション法（break junction）とよばれる技術である．
この方法では，比較的変形しやすい基板上に，金属（通常は Au）の細線を電子線リ
ソグラフィーによって作製する．図 5.1 のように，この細線と基板の間には μm レ
ベルの空隙があいており，基板を機械的に変形させる（反らせる）ことで金属細線
を伸長・破断させ，この部分をナノ電極として使用する [13, 14]．この方法では，加
える機械的変形によって切断した部分の距離を制御できるうえ，細線に流れる電流
を計測することで切断を検出できる．ナノギャップを *in situ* で計測しながら，イ
ベントドリブン（ある現象が起こったら止める）で加工を精密制御できる手法であ
る．機械的な変形の代わりに，電子が繰り返し衝突することで金属原子が徐々に移
動していく現象であるエレクトロマイグレーション（electromigration）を，大電流
によって発生させて切断する方法もある [15]．

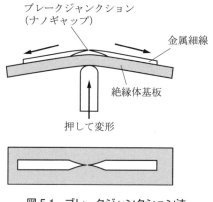

図 5.1　ブレークジャンクション法

　二つ目は，電子線リソグラフィーで基板上に作製した金属細線を，集束イオンビー
ムによって切断する技術である．この方法も，金属細線を流れる電流を同時計測す
ることで破断を検出できる [16, 17]．

　三つ目は，化学反応によって作製する方法である [18]．電子線リソグラフィーによ
り，微小な対向電極構造を作製する．これでは間隔が広すぎるので，この作製した
電極を無電解メッキのような化学反応によって太らせて，間隔を狭める．

5.1.3 ボトムアップ的アプローチ

すでに述べたように，ナノテクノロジーにおいてボトムアップ的アプローチをとるには，原子や分子を部品として扱うことが必要となる．前章で説明した走査型トンネル顕微鏡（STM）や原子間力顕微鏡（AFM）を用いて，基板上の原子を操作できることが報告されている．プローブ先端と原子の間の相互作用の大きさを変化させて，原子を吸着・脱離させることで任意の位置に移動できる．Xe 原子や Fe 原子を任意の形状に並べるデモンストレーションが行われているほか，Fe 原子を並べて電子波の干渉を観察したり [19]，並べた原子で絵を描き，アニメーションを作製したりという例もある [20]（IBM により『A Boy and His Atom』のタイトルでインターネットに公開されている）．IBM の研究グループは，基板上に並べた CO_2 分子どうしの斥力で，ドミノ倒しのように原子を動かして動作するゲート回路も作製している [21]．そのほか，Ge 基板の上に AFM で Sn 原子を並べ，文字を書く例も報告されている [22]．

また，ボトムアップ的アプローチと密接な関係をもつものとして，自己組織化という概念がある．これは，文字どおり部品が自ら集まって構造を形成するというもので，原子や分子を部品として用いるうえで大変重要になっている．上記のように STM や AFM を用いて，原子や分子を一つひとつ操作して構造を作っていくのは非常に困難であり，時間もかかる．また，ナノ構造といえども，それに何らかの機能や特性をもたせようとするなら，多くの原子や分子が必要である．本章冒頭にボトムアップのたとえとして挙げたレゴブロックであれば，容易に手でつかんで組み立てることができるが，それでも展示物になるような大きな作品だと数万個ものブロックが使われる．その完成に要する労力を想像すれば，この困難さは理解できるだろう．

自己組織化は，部品どうしの相互作用によって，外部から操作することなく構造を形成させる方法である．多数の部品が，一斉に移動して適切な配置をとるので，構造形成にかかる時間を短縮できる．とくに有機分子は，分子構造や官能基の位置・種類を設計することで，特定の位置に電荷や極性を付与できる．これにより，特定の分子どうし，あるいは分子の特定の位置どうしに相互作用を生じさせることができるほか，その引力や斥力の強さも制御しやすい．そのため自己組織化の部品として魅力的であり，様々な研究が進められている．ただし，自己組織化の概念自体は有機材料に限ったものではなく，無機材料においても自発的な構造形成は見られる．たとえば，後述する量子ドットは，基板上に堆積させた半導体材料が均一なサイズ

の粒子を形成する現象などから得られ，自己組織化の例として有名なものの一つである．

5.2 単一電子トンネル現象

前章で説明したトンネル効果は，ナノメートル幅のポテンシャル障壁で観察される量子力学的現象であるが，トンネル電流自体は多数の電子からなる．たとえば，STM で計測されるトンネル電流の大きさは数 pA〜数 nA と微小ではあるものの，1 秒間に流れる電子の数に換算すると 1 pA で約 10^7 個と非常に多い．これは STM の電極，および導電性の試料基板の中に大量の電子が含まれているためで，電子一つひとつのトンネル確率はわずかであっても，全体としては莫大な数の電子の移動が生じる．

素子や電極の構造もナノメートルサイズにまで小さくすると，少数の電子が移動するだけでもエネルギー状態が大きく変化するため，系は特徴的な振る舞いを見せるようになる．このようにトンネル電流を極限まで小さくすることで観察される，1 個ずつ電子が移動する現象，およびそれに伴う特徴的な現象を，**単一電子トンネル現象**（single electron tunneling）とよぶ．これはナノテクノロジーの進歩，とりわけ微細加工技術の進歩によってはじめて観察が可能となった現象である．

図 5.2 のような，二つの電極間にクーロンアイランドとよばれる微小な電極が配置された系を考える．二つの電極とクーロンアイランドは，厚さ 1 nm 以下の絶縁体層によって隔てられたトンネル接合となっており，電子はトンネル効果によって通過できる．

電極とクーロンアイランドの間のトンネル接合は，微小なコンデンサとして振る舞う．ここでは説明を簡単にするため，**図 5.3** のように左側のトンネル接合のみを

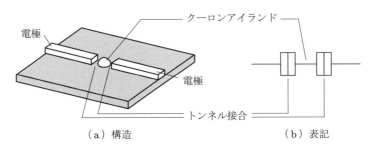

（a）構造 （b）表記

図 5.2　単一電子トンネル現象の観察を行う系

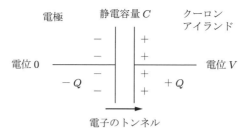

図 5.3 トンネル接合のコンデンサモデル

取り上げ，その静電容量を C，電極を基準としたクーロンアイランドの電位を V とする．V は正負どちらの値もとり得るが，ここでは $V > 0$ の場合で説明する．

コンデンサに蓄積される電荷は $Q = CV$ であり，静電エネルギーは $E = CV^2/2 = Q^2/2C$ で与えられる．この状態でトンネル現象が生じると，電極側からクーロンアイランド側へと電子が 1 個移動する．したがって，これによる静電エネルギーの変化は

$$\Delta E = \frac{(Q-e)^2}{2C} - \frac{Q^2}{2C} = \frac{e^2}{2C} - \frac{Qe}{C} = \Delta E_C - eV \tag{5.1}$$

となる．ここで，e は素電荷，$\Delta E_C = e^2/2C$ は電子 1 個ぶんだけ帯電した静電容量 C のコンデンサの静電エネルギーである．

電子がトンネル現象で移動できるのは，系のエネルギー状態がより低く，安定となる $\Delta E < 0$ の場合である．$\Delta E > 0$ すなわち $V < \Delta E_C/e$ の場合は，電子はトンネル現象で移動できず，トンネル電流は流れない．これを**クーロンブロッケード**（Coulomb blockade）という．同様にして，n 個の電子がクーロンアイランドに移動した状態から，さらにもう 1 個の電子が移動するには，そのときのエネルギー差

$$\frac{\{Q-(n+1)e\}^2}{2C} - \frac{(Q-ne)^2}{2C} = (2n+1)\Delta E_C - eV < 0 \tag{5.2}$$

より，$V > (2n+1)\Delta E_C/e$ でなければならないことがわかる．これを図示すると，電圧 – 電流の関係は**図 5.4** のように階段状に変化する．これはクーロン階段とよばれる．ただし，階段のステップが明瞭に現れるためには，二つのトンネル接合の容量と抵抗（時定数）が非対称であるほうがよいことが報告されている．

上記のような現象が観察されるには二つの条件がある．一つ目は，電子のエネルギーが十分小さいことである．電子が熱的に励起されて移動し，系がより低いエネルギー状態になることができる場合には，クーロンブロッケードは観察できない．つまり，熱励起のエネルギーが静電エネルギーの変化よりも小さいという，

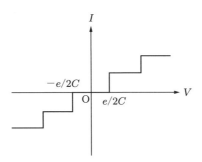

図 5.4　クーロン階段の模式図

$$\frac{e^2}{2C} \gg kT \tag{5.3}$$

が条件になる．ここで，k はボルツマン定数，T は絶対温度である．

　二つ目の条件は，トンネル接合の障壁が十分高く，電子を閉じ込めておけることである．不確定性原理 $\Delta E\,\Delta t > h$ より，$\Delta E_C = e^2/2C$ に対しては $\Delta t > h/\Delta E_C$ となる．すなわちクーロンブロッケードを観察するには，この量子的な時間ゆらぎよりも十分長く電子を閉じ込めておく必要がある．これはコンデンサモデルにおいて，漏れ電流により電荷が放電されるまでの時間が十分長いこととみなせる．この放電時間は，トンネル接合の抵抗を R_t として時定数 $R_\mathrm{t}C$ で表されるから，

$$R_\mathrm{t}C \gg \frac{h}{\Delta E_C} = \frac{h}{e^2/2C} \tag{5.4}$$

となり，したがって，

$$R_\mathrm{t} \gg \frac{h}{e^2} = 25.8\,\mathrm{k\Omega} \tag{5.5}$$

という条件になる（オーダー評価であるため，係数 2 は省略している）．h/e^2 はフォン・クリッツィング定数（von Klitzing constant）とよばれる量子化抵抗の値である．

　式 (5.3) より，クーロンブロッケードは温度が低いほど観察されやすい．たとえば，液体窒素温度つまり $T = 77\,\mathrm{K}$ のときに，クーロンブロッケードを観察できるトンネル接合の静電容量 C の条件を求めると，次のようになる．

$$C \ll \frac{e^2}{2kT} = \frac{(1.6 \times 10^{-19})^2}{2 \times 1.38 \times 10^{-23} \times 77} = 1.2 \times 10^{-17}\,\mathrm{F} \tag{5.6}$$

静電容量 $1.2 \times 10^{-17}\,\mathrm{F}$ を，電極間を真空とし，電極間距離 $d = 1\,\mathrm{nm}$ とした平行平板コンデンサで実現すると仮定した場合，その極板面積 $S = 1.4 \times 10^{-15}\,\mathrm{m^2}$ とな

る．これは，一辺が $3.7 \times 10^{-8}\,\text{m} = 37\,\text{nm}$ の正方形の面積に等しい．したがって，$T = 77\,\text{K}$ でクーロンブロッケードを観察するには，それより 1 桁は小さい，数 nm 角の電極にしなければならないことになる．室温で動作させるには，さらに小さなクーロンアイランドを作製する必要がある．つまり，ナノメートルサイズの構造を形成できるナノテクノロジーが必要不可欠である．

このような単一電子トンネル現象は，電子 1 個をキャリアとした**単一電子トランジスタ**（single electron transistor：**SET**）への応用が可能である．これは**図 5.5** のように FET に似た構造をもつが，ゲート電圧によってクーロンアイランド内の電子の出入りを制御して，スイッチとしてはたらかせるものである．SET は従来の MOS-FET などと比較して，動作電流を極端に減らすことができるので，きわめて低消費電力の素子を実現できると考えられている．実際に，シリコンや金属のナノ粒子，分子などをクーロンアイランドとして，液体ヘリウム温度（4.2 K）や液体窒素温度（77 K）などの低温でクーロン階段が観察されている．

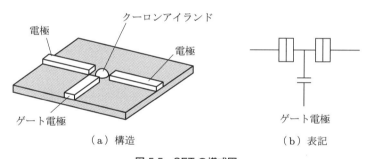

（a）構造　　　　　　　　（b）表記

図 5.5　SET の模式図

単一電子トンネル現象を実現する系は，様々な方法で実際に作製されている．以下にいくつか例を挙げる．

- Au 電極基板上に自己組織化単分子膜を形成し，その上に Au ナノ粒子を吸着させ，STM によって観察を行った例：Au ナノ粒子がクーロンアイランドとしてはたらき，Au 電極と STM のプローブが電極としてはたらく．
- 有機分子をクーロンアイランドとした例：トンネル現象が起こる程度の厚さの絶縁体層で有機分子をサンドイッチして，単一電子トンネル現象を観察している．微小間隙をもつ電極間に分子を挟み込んで，単一電子トンネル現象に由来する電圧 – 電流特性が観察された例もある [23]．

- カーボンナノチューブを用いた例：導体であるカーボンナノチューブに欠陥を導入し，トンネル接合を形成する手法も報告されている．AFM で2箇所を折り曲げ，その間の部分がクーロンアイランド，折り曲げた部分がトンネル接合としてはたらくデバイス構造が報告されている．

- LSI 製造工程で使われる微細加工技術を利用した例：シリコンやアルミニウムをワイヤ状にし，その一部を酸化させることで2箇所のトンネル接合を作製し，間に挟まれた部分をクーロンアイランドとして使用するデバイス構造が実現されている．

- 生体分子を利用した例：フェリチン（ferritin）とよばれるタンパク質は，24個のモノマーサブユニットが組み合わさって，内部に約6nmの空間をもつ直径12nmの球殻状構造をなす．この内部空間に鉄を貯蔵することで，フェリチンは生体内の鉄分量を調節している．バイオミネラリゼーションとよばれるこの作用を利用して，鉄や酸化コバルト，セレン化カドミウム，硫化亜鉛などのナノ粒子を作製する技術が報告されている．図5.6 に，フェリチンを用いた酸化コバルト（Co_3O_4）のナノ粒子でクーロン階段を観察した例を示す[24]．タンパク質をナノ粒子の外殻として用いることで，非常に均一なサイズのナノ粒子を作製でき，タンパク質表面の特異的な吸着によって特定の場所への固定を実現できるという利点がある．これらの技術は，現時点で電子デバイスとして実応用できるわけではないが，ナノテクノロジーに生体材料が利用できる可能性を示すものとなっている．

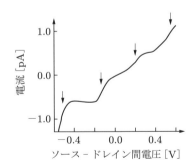

図 5.6   フェリチンを用いた Co_3O_4 ナノ粒子で観察されたクーロン階段

5.3 量子ドット

量子ドット（quantum dot）は，半導体などの材料をナノメートルサイズのきわめて微小な粒子にしたものである．こうした微小な3次元構造中に閉じ込められた電子は，任意のエネルギーをとることができなくなり，エネルギー準位が離散的となる．これは，以下のように理解することができる．

材料表面のポテンシャル障壁によって閉じ込められた電子の波動関数は，表面における境界条件を満たすように決まる．これは図5.7のような，ピンと張った弦の振動に対応づけられる．この弦で生じる振動は，固定されている両端が必ず節となるため，半波長が両端の間隔の$1/n$（n：正整数）に等しい定常波となる．また，そのエネルギーは波長の2乗に反比例する†．以上から，弦の振動のエネルギー準位は両端の間隔とnの値で決まり，波長が短いほど高エネルギーで，隣接する準位間のギャップも大きいことがわかる．

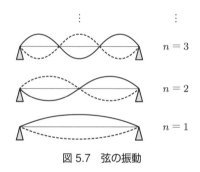

$n = 3$

$n = 2$

$n = 1$

図 5.7 弦の振動

弦の振動のエネルギーは，弦をはじくことなどで与えられる振動源のエネルギーより大きくならないので，その波長には下限がある．両端の間隔が広ければ，弦には様々な波長の定常波が存在可能である．しかし，両端の間隔が狭くなるにつれてとり得るエネルギー準位は少なくなっていき，ギャップも大きくなっていく．すなわち，エネルギー準位が離散的になる．

量子力学を学んでいる読者は，無限大のポテンシャル障壁に囲まれた1次元のモデルである井戸型ポテンシャル内の電子を思い出してほしい．井戸型ポテンシャル

---

† 振幅が一定の波のエネルギーは振動数fの2乗に比例する．また，波の速度vは波が伝わる媒質によって決まり，波長によらない．したがって$f = v/\lambda$の関係から，この定常波のエネルギーEは波長λの2乗に反比例する．式(4.1)に示したように，電子波も同じく$E \propto \lambda^{-2}$である．

内の電子の波動関数はポテンシャル障壁の境界において 0 になるので，半波長の整数倍の波になる．この波動関数のとり得るエネルギーは，量子数 n に応じて変化する．電子の質量を m，ポテンシャル障壁に囲まれた領域の幅を L とすると，電子のとり得るエネルギーは次式で示すように，n が大きいほど大きくなる．また，領域の幅 L が小さくなるほど，エネルギーも大きくなる（note5.1 を参照）．

$$E_n = \frac{\hbar^2 \pi^2 n^2}{2mL^2} \tag{5.7}$$

量子ドットは，粒子を 3 次元的にナノメートルサイズまで小さくすることで，閉じ込めた電子が離散的なエネルギーをもつようにしたものである．井戸型ポテンシャル内の電子のエネルギー準位が両端の障壁の間隔で決まるのと同様に，量子ドット中の電子のエネルギー準位は，電子が閉じ込められる量子ドットのサイズに依存する．これは，元素や組成，結晶構造などで決まっていたエネルギー準位が，量子ドットではその大きさによって人工的に制御できることを意味する．

たとえば，量子ドットの大きさを制御して適切なエネルギー準位を作り出すことで，材料を発光させたり，発光波長を変化させたりすることができる．また，量子ドットではエネルギー準位が離散化されているため，状態密度が広がりをもたず，温度の影響などを受けにくい．そのため高効率なデバイスが実現できる．

量子ドットは，中心核とそれを覆う外殻という，コア－シェル型の構造で作られる．コア部分は主材料のナノ結晶からなり，コア表面に存在する欠陥や未結合手を安定化するために，バンドギャップの大きな材料でシェル層を形成する．その作製法から，量子ドットは以下の 2 種類に大別できる．

- **コロイド状量子ドット**（colloidal quantum dot）：半導体材料の有機金属や界面活性剤分子などを含む溶液を加熱し，化学反応によって生成するものである．溶液内では半導体ナノ粒子の種となる核形成が起こり，それが時間とともに成長することで，均一なサイズの単分散のナノ結晶が形成される（**図5.8**）[25]．形成されたナノ結晶の表面には界面活性剤分子が吸着し，それによってナノ結晶どうしが凝集することを防ぐ．たとえば，コロイド状 CdSe 量子ドットは，CdSe のコアを，ZnS のシェル層とさらに外側の有機層で覆うことで，溶液内で安定的に存在し，かつ高い発光効率をもつように作製されている．有機層には用途に応じた官能基をもたせ，溶液に分散した形で販売されている．

- **エピタキシャル量子ドット**（epitaxial quantum dot）：CVD 法などによって，

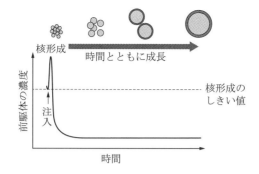

図 5.8　コロイド状量子ドットの形成プロセスの例[25]

超高真空チャンバー内で基板上に形成するものである．量子ドット材料は，基板表面を濡らすことで薄膜を形成するが，量子ドット材料と基板材料の間に格子定数の不整合があると，ひずみエネルギーが蓄積されて島状に成長しようとする．この材料の濡れ性と不整合によるひずみエネルギーの大小関係に応じて，ナノ結晶が形成される．濡れ性と結晶格子の条件を最適化することで，基板上に量子ドットが自己組織的に配列した構造も形成できる[26]．

　生体試料の蛍光マーカー（fluorescent marker）として，コロイド状量子ドットが医学・生物学の研究などに使われているほか，発光デバイスや太陽電池などにも，量子ドットの利用が研究されている．

　量子ドットの蛍光は，照射した光によって励起された電子が基底準位に遷移する際，準位間の差に対応したエネルギーが電磁波として放出されることで生じる．電子の準位間の遷移によって，対応するエネルギーが電磁波として放出される点は，第4章で述べた特性X線が放出されるメカニズムと同様である．前述のように，量子ドットはそのサイズによってエネルギー準位が変化するため，異なるサイズの量子ドットを用いることで，様々な蛍光色で試料をマーキングできる．

　実際には，励起された電子の熱緩和などでエネルギーが失われるため，発生する蛍光は励起光よりも低エネルギーとなる．たとえば，紫外線によって励起され，可視光線の蛍光を発する．これを利用すれば，発光デバイスにおける波長変換が可能である．変換後の波長を，量子ドットのサイズによって任意に決めることができる．

　現在使用されている太陽電池はシリコンを使用しており，そのバンドギャップ約1.2 eV よりも低いエネルギーの光（波長が長い光）は発電に寄与できない．それよりも高いエネルギーの光は利用できるが，余剰エネルギーは熱として散逸し，無駄

になる．量子ドット太陽電池では，新しいエネルギー準位を作ることで利用できる光の範囲を広げ，エネルギー変換効率を高めることができると考えられている．

そのほか，エピタキシャル量子ドットを多層化して作製されたレーザー素子である量子ドットレーザー（quantum dot laser）は，エネルギー準位が狭く限定されるため，温度による影響を受けにくい．したがって変換効率が高く，低消費電力化が可能になる[26]．また，冷却が不要となり小型化できる．

note5.1　半導体超格子

人工的にエネルギー準位を制御するという概念は，江崎玲於奈らにより1970年に半導体超格子としてはじめて提唱された．これは，2種類の異なる物質がナノメートルの厚さで交互に積層された構造で，多重量子井戸構造ともよばれる．

図5.9のように，GaAsとGaAlAsなどの組成の異なる物質を，エピタキシャル成長で数nmごとに交互に積層する．両者のバンド構造の違いによって伝導帯がバンドギャップに挟まれた部分ができ，この中に電子が閉じ込められる．これによって生じる新たなエネルギー準位は，バンドギャップの層が薄ければ互いに共鳴状態となり，系全体にわたる一つの新しいエネルギー準位として振る舞う．半導体超格子は，このようにして自然界にない材料を作るというものである．

以下では説明を簡単にするため，バンドギャップによるポテンシャル障壁の高さは十分大きく，無限大とみなせるとする．積層方向にz軸をとれば，一つの伝導帯層は1次元の井戸型ポテンシャル問題となり，次のシュレディンガー方程式で記述される．

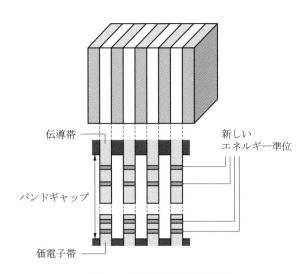

図5.9　半導体超格子の模式図

$$-\frac{\hbar^2}{2m}\frac{\mathrm{d}^2}{\mathrm{d}z^2}\psi(z) = E\psi(z), \quad \psi(0) = 0, \quad \psi(L) = 0 \tag{5.8}$$

ここで，L は伝導帯層の厚さである．$\psi(z) = A\exp ikz + B\exp(-ikz)$ とおき，上式に代入して解くと，

$$\psi_n(z) = \sqrt{\frac{1}{2L}}\left\{\exp i\frac{n\pi}{L}z - \exp\left(-i\frac{n\pi}{L}z\right)\right\} \tag{5.9}$$

$$E_n = \frac{\hbar^2 k^2}{2m} = \frac{\hbar^2\pi^2 n^2}{2mL^2} \tag{5.10}$$

が得られる．ここで，n は正整数である．このように，伝導帯中の電子は任意のエネルギーをとれなくなり，離散的となる．n は離散的な各エネルギー状態に対応しており，量子数とよばれる．式 (5.10) より，新たなエネルギー準位は層の厚さ L に依存して決まり，物質本来のものとは異なるバンドギャップになることがわかる．L を変化させれば，エネルギー準位とバンドギャップを変えることができる．

なお実際には，エネルギーは式 (5.10) のように完全に離散的にはならず，図 5.9 に示されるように新たなエネルギー準位も一定の広がりをもつことになる．

この半導体超格子は，電子の存在できる範囲を 1 方向だけ制限した 2 次元の系となっている．さらに電子の存在できる範囲を 2 方向で制限した 1 次元系は量子ワイヤ，3 方向で制限した 0 次元系が量子ドットである．この量子ドットではすべての方向で量子化されるため，3 辺の長さが L_x, L_y, L_z の直方体の量子ドットのエネルギー準位は，理論的には次のような式で表される．l, m, n は x, y, z 方向の量子数である．

$$E_n = \frac{\hbar^2\pi^2 l^2}{2mL_x^2} + \frac{\hbar^2\pi^2 m^2}{2mL_y^2} + \frac{\hbar^2\pi^2 n^2}{2mL_z^2} \tag{5.11}$$

第6章 有機分子

ナノテクノロジーにおいて，有機分子は非常に重要なツールの一つとなっている．化学合成によって，様々に異なる構造や大きさの分子を作り出せるほか，特定の位置に，目的に合わせた官能基を導入することなどもできるためである．これにより物性を変化させたり，分子どうしの相互作用を制御したりすることができる．これらの特徴は，ナノ構造の素材そのものとして有用なだけでなく，自己組織化による構造形成の制御のためにも役立つ．この章では，その基礎となる知識について説明する．

6.1 電子材料としての有機分子

現在利用されている電子機器の主要な機能を担っているのは，CPU やメモリ素子などからなるコンピュータである．これらは，おもにシリコン半導体で作製された集積回路から構成されており，電子機器で使われる有機材料というと，筐体のプラスチックや絶縁材など，補助的な役割しかもたないと考えるかもしれない．しかし，有機分子が中心的な役割を果たす用途もある．

最も身近な例はディスプレイである．テレビやパソコン，スマートフォンの表示デバイスとして使われている液晶ディスプレイの「液晶」は有機分子である．液晶ディスプレイは，電圧の印加によって液晶分子の配向を制御し，光（バックライト）の透過量を変化させることで文字や画像を表示している．また，有機エレクトロルミネッセンス（organic electro-luminescence：有機 EL）ディスプレイでは，有機分子層の両側の電極から電子と正孔を注入し，層内で再結合させる．このとき，有機分子がもつエネルギー準位の差に対応する波長の光が放出される．

そのほか，有機分子を材料として半導体を作り，トランジスタや太陽電池に利用するための研究も進められている．無機半導体と同様に，有機半導体も電荷を担うキャリアによって2種類に分けられ，キャリアが電子である n 型と，正孔である p 型がある．ただし，呼称は同じでも，作製法や動作原理は大きく異なる．

　無機半導体では，ベースとなる材料に，電子を供与する性質をもつドナー原子を
ドーピングすることでn型を，電子を受容する性質をもつアクセプタ原子をドーピ
ングすることでp型を作る．これに対し有機半導体では，アクセプタ性の材料によ
りn型が作られ，ドナー性の材料によりp型が作られる[†]．アクセプタ性分子とし
てC_{60}やその誘導体であるPCBM（フェニルC_{61}酪酸メチルエステル）が，ドナー
性分子としてペンタセンやフタロシアニン，チオフェンポリマーがよく使用されて
いる．

　低分子材料の場合には真空中での蒸着などで，高分子材料の場合は溶液の塗布な
どで結晶や薄膜などを作製し，それらの組み合わせからなる多数の分子が集合した
層や多結晶体をn型半導体やp型半導体として使用する．これらの半導体材料膜か
ら，前述の有機ELに使われる有機発光ダイオード（organic light-emitting diode：
OLED）や有機電界効果トランジスタ（organic field effect transistor：OFET），
有機太陽電池（organic solar cell：OSCまたはorganic photovoltaic：OPV）など
が作製されている．

　分子単体がn型半導体，p型半導体としての特性をもつことから，これらを組み
合わせた単一分子レベルのpn接合によるデバイス（分子デバイス）も注目されて
いる．この分子デバイスのアイディアは，n型分子やp型分子，ゲートのはたらき
をする分子などをブロックのように組み合わせて，きわめて微小なデバイスを作る
というものである．まだ研究途上の技術であり，現在，単一分子の電圧‐電流特性
などの評価が行われている．そのために必要とされる微小ギャップをもつ電極が，
5.2節で説明した方法で作製されている．

6.2　共有結合と混成軌道

　有機分子は，炭素Cを骨格として，それに水素Hや酸素O，窒素Nなどの原子が
おもに**共有結合**（covalent bond）で結びついた構造をもつ．共有結合は，原子どう
しがそれぞれの軌道の電子を共有して電子対を作り，より安定な低いエネルギー状態
となることで結びつくものである．このとき，単体原子での軌道が再構成されて，結
合前と異なる新たな軌道が作られることがある．これを**混成軌道**（hybrid orbital）
という．混成軌道の形成には，軌道の形状や電子配置が関係している．ここでは，

[†]　有機半導体中では電子や正孔が単独で動きにくいためである．そこで，電子を受け入れるアクセプタ
　　性の材料中で電子を，電子を供与する（＝正孔を受け入れる）ドナー性の材料中で正孔を移動させる．

有機分子の骨格をなす C 原子の共有結合を取り上げて説明する.

　C 原子は, K 殻に 2 個, L 殻に 4 個の電子が入っている. K 殻は一つの 1s 軌道から, L 殻は一つの 2s 軌道と三つ（x, y, z）の 2p 軌道からなる. これらの軌道の形状を示すと, **図6.1** のようになる. s 軌道は球対称であり, 軸対称の p 軌道よりわずかにエネルギーが低い. p 軌道は x, y, z の各軸方向に伸びた亜鈴状の形状である. これらの軌道は水素原子のシュレディンガー方程式を解くことにより導出される（付録参照）. C 原子のエネルギー準位図と電子配置は, **図6.2** のようになる.

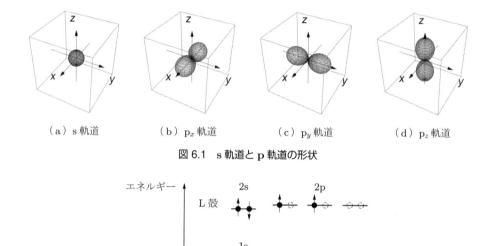

|（a）s 軌道|（b）p_x 軌道|（c）p_y 軌道|（d）p_z 軌道|

図 6.1　s 軌道と p 軌道の形状

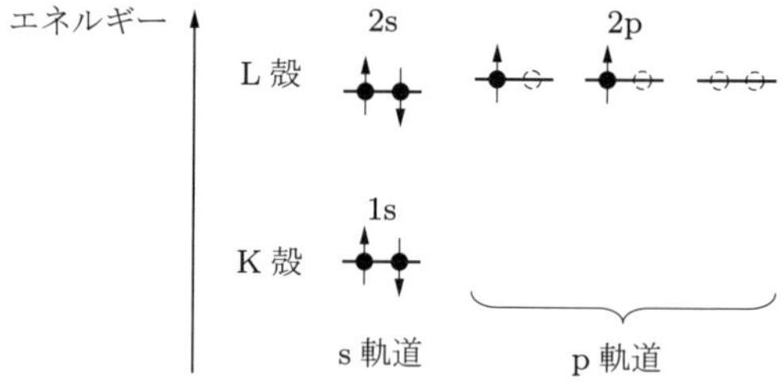

図 6.2　C 原子のエネルギー準位図と電子配置

　パウリの排他律より, 各軌道に電子は 2 個まで（スピンが上向きと下向きの二つ）入ることができる. したがって, エネルギーの低いほうから順に, K 殻の 1s 軌道と L 殻の 2s 軌道が埋められ, L 殻の三つの 2p 軌道のうち二つに 1 個ずつ電子が入って, 4 個ぶんの空きが残る. C 原子は, 共有結合によってほかの原子と電子を共有し, この空きを埋めて安定することで分子を形成する. これには, 以下のように三つの場合がある.

(1) sp^3 混成軌道

まず考えられるのは，1個の C 原子がほかの 4 個の原子と 1 個ずつ電子を共有する場合である．このような分子として，たとえばメタン CH_4 が挙げられる．この場合，4 個の H 原子からの電子でそのまま 2p 軌道の空き 4 個を埋めれば済むように思えるが，そうはならない．L 殻の四つの軌道の空き方には偏りがあるうえ，s 軌道と p 軌道は形状が大きく異なるためである．これだと，4 個の H 原子それぞれと同じようにペアを作ることができない．

この場合，エネルギー差が小さい s 軌道と p 軌道が合わさって，対称的な四つの混成軌道を形成し，それぞれに L 殻の電子が 1 個ずつ入って，H 原子の電子とペアを作ることで結合する．s 軌道の波動関数を s，p_i 軌道の波動関数を p_i で表すと，四つの混成軌道は，それらの 1 次結合として次のように書ける．

$$\psi_1 = \frac{1}{2}(s + p_x + p_y + p_z) \tag{6.1a}$$

$$\psi_2 = \frac{1}{2}(s + p_x - p_y - p_z) \tag{6.1b}$$

$$\psi_3 = \frac{1}{2}(s - p_x + p_y - p_z) \tag{6.1c}$$

$$\psi_4 = \frac{1}{2}(s - p_x - p_y + p_z) \tag{6.1d}$$

図 6.3 のように，これらの混成軌道は正四面体の中心から頂点に向かうように伸びており，互いの角度は $109°28'$ である．これを **sp^3 混成軌道** とよぶ．CH_4 は，これらの軌道が H 原子の軌道（s 軌道）と重なり合うことでそれぞれの電子を共有し，四つの共有結合を形成している．このとき，C 原子と H 原子を結ぶ軸と電子の軌道方向は一致しており，このような結合を σ 結合という．σ 結合は軸対称であるため，原子は結合軸を中心に回転することができる．また，結合軸と軌道が一致しているため，結合が強い．Si の結晶構造（ダイヤモンド構造）も 3s 軌道と 3p 軌道の sp^3 混成軌道で形成される．

(2) sp^2 混成軌道

sp^2 混成軌道 は，s 軌道と二つの p 軌道によって形成される三つの軌道である．たとえば，s 軌道と p_x 軌道および p_y 軌道によって混成軌道が形成されるとすると，次のように書ける．

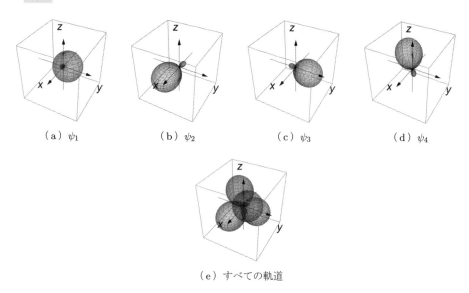

（a）ψ_1　　　　（b）ψ_2　　　　（c）ψ_3　　　　（d）ψ_4

（e）すべての軌道

図 6.3　sp^3 混成軌道の形状

$$\psi_1 = \sqrt{\frac{1}{3}}\,s + \sqrt{\frac{2}{3}}\,p_x \tag{6.2a}$$

$$\psi_2 = \sqrt{\frac{1}{3}}\,s - \sqrt{\frac{1}{6}}\,p_x + \sqrt{\frac{1}{2}}\,p_y \tag{6.2b}$$

$$\psi_3 = \sqrt{\frac{1}{3}}\,s - \sqrt{\frac{1}{6}}\,p_x - \sqrt{\frac{1}{2}}\,p_y \tag{6.2c}$$

これを図示すると**図 6.4** のようになる．図からわかるように，sp^2 混成軌道は同じ平面内（この場合は xy 面）にあり，互いの角度は 120° である．この混成軌道に加わっていない p_z 軌道は，混成軌道と直交する方向に存在する．代表的な分子として，エチレン C_2H_4 の構造を**図 6.5** に示す．C 原子と H 原子は，C 原子の sp^2 混成軌道が H 原子の s 軌道と重なることで σ 結合する．C 原子どうしは，sp^2 混成軌道どうしが重なることで σ 結合するとともに，p_z 軌道どうしも重なって結合を形成し，二重結合で結びつく．このように，二重結合では p_z 軌道の重なりが必要なため，結合軸周りでの回転ができない．この p_z 軌道どうしの重なりによる結合を **π 結合**とよび，π 結合で共有される電子を π 電子という．π 結合は結合軸と軌道がずれているため，σ 結合よりも結合力が弱い．

　ベンゼン環（benzene ring）は C 原子が sp^2 混成軌道で環状に結合した構造である．C 原子どうしは 120° で結合するため，6 個の C 原子により正六角形が形成さ

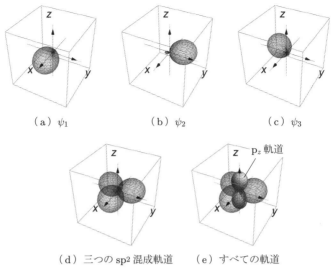

（a）ψ_1　　　（b）ψ_2　　　（c）ψ_3

（d）三つの sp² 混成軌道　　（e）すべての軌道

図 6.4　**sp² 混成軌道の形状**

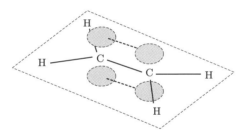

図 6.5　**C_2H_4 の構造と二重結合のイメージ**

れる．構造式では一つおきに二重結合があるように書かれることもあるが，実際には，π 電子は非局在化してベンゼン環全体に広がって共有されており，このような π 電子系は共役系とよばれる．

(3) sp 混成軌道

sp 混成軌道は，s 軌道と一つの p 軌道によって形成される，以下のような二つの軌道である．

$$\psi_1 = \sqrt{\frac{1}{2}}\,(s + p_x) \tag{6.3a}$$

$$\psi_2 = \sqrt{\frac{1}{2}}\,(s - p_x) \tag{6.3b}$$

軌道の形状を図6.6に，代表的な分子としてアセチレン C_2H_2 の構造を図6.7に示す．C原子とH原子は，C原子のsp混成軌道がH原子のs軌道と重なることでσ結合する．C原子どうしは，sp混成軌道どうしが重なることでσ結合するとともに，二つのp軌道どうしが重なることでそれぞれπ結合を形成し，三重結合で結びつく．

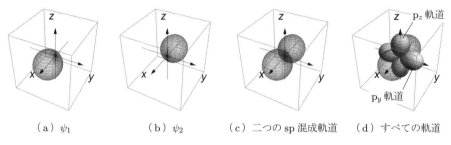

（a）ψ_1　　　　（b）ψ_2　　　（c）二つのsp混成軌道　　（d）すべての軌道

図6.6　sp混成軌道の形状

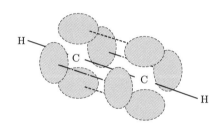

図6.7　C_2H_2の構造と三重結合のイメージ

6.3　分子軌道法

　それぞれの軌道が重なることで原子が結合する理由は，定性的には以下のように説明される．ここでは，例として2個のH原子が結合して水素分子H_2が形成される場合を考える．H原子は電子を1個だけもち，その軌道はK殻の1s軌道である．このとき，2個のH原子の軌道の重なり方は，両者の波動関数の位相の組み合わせによって，図6.8のように2種類に分けられる．図では原子Aの位相を記号「＋」で表し，それに対して逆となる位相を記号「－」で表している．

　図(a)は，両者が同位相となる場合である．このとき，波動関数は重なる部分で強め合う．したがって，二つの波動関数を合成したものは，原子間で電子の存在確率が高くなり，両者をつなぐような一つの波動関数になる．これを結合性軌道という．一方，図(b)のように両者が逆位相となる場合には，波動関数は重なる部分で

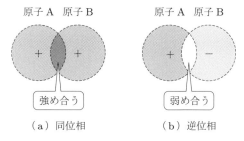

原子 A　原子 B　　　　　原子 A　原子 B

強め合う　　　　　　　弱め合う

（a）同位相　　　　　（b）逆位相

図 6.8　波動関数の重なり

弱め合う．したがって，二つの波動関数を合成したものは，原子間で電子の存在確率が低い波動関数となる．これは反結合性軌道とよばれる．

　このように各原子の波動関数の重ね合わせとして分子全体の波動関数を求め，シュレディンガー方程式を解いて分子のエネルギー準位を求める方法を，**分子軌道法**（molecular orbital method：MO 法）という．得られた分子のエネルギー準位から，どのように結合が形成されるかがわかる．たとえば，H_2 では**図 6.9** のようになる．

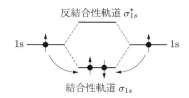

反結合性軌道 σ_{1s}^*

1s　　　　　　　　　　　　　　1s

結合性軌道 σ_{1s}

図 6.9　**H_2 のエネルギー準位**

　図は，二つの H 原子が近づくことで，それぞれの 1s 軌道の重ね合わせとして結合性軌道と反結合性軌道の二つのエネルギー準位が生じることを示している．結合性軌道 σ_{1s} は 1s 軌道よりエネルギーが低く，反結合性軌道 σ_{1s}^* は 1s 軌道よりエネルギーが高い．したがって，2 個の H 原子からの電子はどちらも結合性軌道に入り，系は低エネルギーとなって安定するため，結合が形成されて H_2 分子となる．

　一方，ヘリウム He は H と同じく 1s 軌道にのみ電子をもつが，その数は 2 個である．したがって，He 原子の 1s 軌道どうしが重なっても，電子は結合性軌道と反結合性軌道の両方に 2 個ずつ入り，系のエネルギーは低下しない．そのため He_2 分子は形成されず，He は単原子分子として存在する．

　分子軌道の波動関数は通常，単一原子の軌道の波動関数の 1 次結合として考える．このような方法を LCAO（linear combination of atomic orbitals）法という．H_2

のようなごく単純な分子を除き，分子軌道のシュレディンガー方程式を解くのは一般に困難である．そのため，分子軌道法では通常，コンピュータによる数値計算が用いられる．その際は計算負荷を低減するための近似が併用され，これにより様々に異なる手法やソフトウェアが存在している．

6.4　その他の化学結合

　共有結合以外の化学結合としては，以下に示す配位結合，水素結合，イオン結合などがある．そのほか，金属原子どうしを結びつける結合として金属結合があるが，説明は省略する．

(1)　配位結合

　配位結合（coordinate bond）は，共有結合のようにそれぞれの原子が1個ずつ電子を出し合うのではなく，片方の原子が電子対を出し，それが他方の原子の空軌道に入って結合する．結合力自体は，電子の共有によるため共有結合と同等の強さをもつ．

　配位結合の代表例は，アンモニアイオン NH_4^+ である．N原子の最外殻（L殻）の電子配置は，2s軌道に2個，2p軌道に3個入っており，空きは3個である．したがってN原子は，四つの sp^3 混成軌道のうち三つがそれぞれH原子の1s軌道と重なることで σ 結合し，アンモニア NH_3 となる．このとき，H原子と結合していない残り一つの sp^3 混成軌道には，N原子のL殻電子が2個入っている（非共有電子対という）．水に溶けた状態では，これが電子をもたない水素イオン H^+ の1s軌道に入ることで σ 結合し，NH_4^+ を形成する．これにより，N原子が4個のH原子と等方的に結合した構造となることができる．

(2)　水素結合

　水素結合（hydrogen bond）は，電子を引きつける力が強い原子と結合したH原子が，弱く正の電荷を帯びることで生じるクーロン引力による結合である．各原子が電子を引きつける力の強さの指標を電気陰性度といい，ポーリングによるものと，マリケンによるものの2種類が最も利用される（3.5節参照）．**表6.1**にポーリングの電気陰性度の一部を示す．

　水素結合する分子の代表例は，水分子 H_2O である．O原子の最外殻（L殻）の

表 6.1 ポーリングの電気陰性度（化学便覧より [27]）

元素	H	C	N	O	F	Na	Mg	Cl	K
電気陰性度	2.1	2.5	3.0	3.5	4.0	0.9	1.2	3.0	0.8

電子配置は，2s 軌道に 2 個，2p 軌道に 4 個入っており，空きは 2 個である．したがって，O 原子の四つの sp^3 混成軌道のうち，二つはそれぞれ H 原子の 1s 軌道と重なることで σ 結合しており，残り二つの sp^3 混成軌道には，非共有電子対として O 原子の L 殻電子が 2 個ずつ入っている．

H の電気陰性度 2.1 に対し，O の電気陰性度 3.5 であり，差は 1.4 と大きいため，O 原子と H 原子で共有されている電子対は O 側に偏っていると考えられる．これにより，O 原子は弱い負の電荷 δ^- を帯び，H 原子は弱い正の電荷 δ^+ を帯びて，H_2O 分子は極性をもつことになる．

正帯電した H 原子と，負帯電したほかの H_2O 分子の O 原子の間にはクーロン引力がはたらき，H 原子は O 原子の非共有電子対に引きつけられて結合する．したがって，各 O 原子はそれぞれ二つの H 原子と水素結合することができる．また，H_2O 分子の結晶である氷は通常，図 6.10 のように O 原子の sp^3 混成軌道の形状を反映した正四面体の構造をとる．これによって隙間の大きな結晶となるため，氷の密度は液体である水の密度よりも低くなる．

このように，水素結合は電気陰性度の大きな原子に共有結合した H 原子が，ほかの原子の非共有電子対にクーロン引力で結合するものである．わずかな電荷の偏りに起因するため，結合力は非常に弱い．

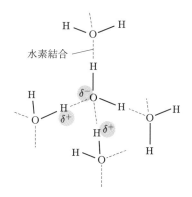

図 6.10 氷の結晶構造

(3)　イオン結合

　ナトリウム Na と塩素 Cl の電気陰性度の差はさらに大きく，2.3 である．したがって，塩化ナトリウム NaCl 分子では，電子は Na 原子から Cl 原子に強く引きつけられ，両者はイオン化してクーロン引力で結合しているとみなせる．このような結合を**イオン結合**（ionic bond）という．Na の最外殻電子数は 1 であるので，NaCl は正イオン Na^+ と負イオン Cl^- のイオン結合となる．結合力はイオンの価数などに依存するが，共有結合・配位結合より弱く，金属結合や水素結合より強い．

　異種原子どうしの結合は，どれも，その電気陰性度の差に応じたイオン結合性と共有結合性の両方の性質を併せもつ．たとえば，C と H の電気陰性度の差は 0.4 しかないため，この 2 種類の原子のみで構成されるベンゼンなどの炭化水素は極性をもたない．しかしこれは，ほかの組み合わせの電気陰性度の差と比較すると相対的に小さいということにすぎないと考えるべきである．実際，このような弱い極性によっても，分子どうしにクーロン引力がはたらいていると考えられるケースも観測されている．

6.5　分子の構造

　分子の立体的な構造（コンフォーメーション，conformation）は，化学結合による影響を強く受けて決まる．たとえば，直鎖状の飽和炭化水素（アルカン，アルキル鎖）は sp^3 混成軌道により形成されており，構造式では直線状に書かれるものの，実際には約 110° の角度で結合したジグザグな鎖となっている．また，結合軸で回転できるため，鎖が長くなると折れ曲がり，溶液内や真空中などの自由に動ける状態では，高エントロピーとなる糸玉のように丸まった構造をとる．

　一方，π 結合を含む分子は二重結合の部分が回転できないため，その立体構造は制限される．複数の原子が π 結合を含む二重結合で結合すると，それらは同一平面上に存在しなければならない．比較的大きい分子であるポルフィリン（porphyrin）やフタロシアニン（phthalocyanine）も，中心の骨格部分に共役系構造をもつため，基本的には平面状である（中心金属や基板からの相互作用によって歪むこともある）．

　図 6.11 に，ポルフィリン誘導体分子の構造式と STM 像を示す．中心のポルフィリン構造の周りには 4 個のフェニル基（phenyl group）が付いており，それらのうち半分にはメトキシ基（methoxy group，$-OCH_3$）が付き，残りの半分には *tert-*ブチル基（ターシャリーブチル基，tertiary butyl group，$-C(CH_3)_3$）が 2 個付い

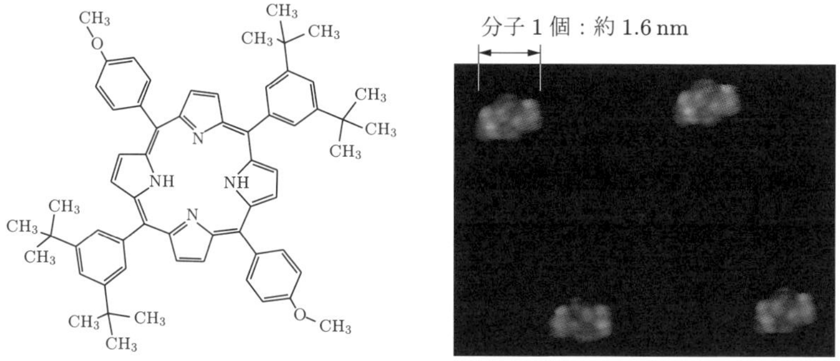

（a）分子構造　　　　　　　　　　　（b）STM 像

図 6.11　ポルフィリン誘導体分子の構造式と STM 像

ている．STM 像は，構造式の形状と非常によく一致していることがわかる．周囲に結合している四つの *tert*-ブチル基は σ 結合であるため立体的であり，この高低差が明るい 4 個の輝点として観察されている．また，ポルフィリン構造の中心部分にもやや明るい点が 2 個見えており，これはポルフィリン構造が完全な平面ではなく，少し歪むために多少の高低差が生じていることを表している．

6.6　炭素の同素体材料

　すでに述べたように，炭素 C は 3 種類の混成軌道によって互いに結合することができ，そのため様々に構造が異なる同素体を形成することができる．

　ダイヤモンドは，C 原子が sp^3 混成軌道のみで結合した同素体で，その構造はダイヤモンド構造とよばれる．正四面体の頂点に位置する C 原子が互いに結びついた等方的な構造であり，その結合のすべてが強い σ 結合であるため，非常に高い硬度を示す．近年，ダイヤモンドも新しいエレクトロニクス材料として研究が進められている．

　C 原子が sp^2 混成軌道で結合し，シート状の 2 次元ハニカム構造を形成したものが**グラフェン**（graphene）である．構造式では，σ 結合と π 結合からなる二重結合の部分と，σ 結合のみの部分が規則的に並んでいるように書かれることがあるが，実際には π 電子が全体に広がった共役系となっている．この π 電子により，グラフェンは面内方向に高い電気伝導性を示す．**グラファイト**（graphite，黒鉛）はグラフェンが積層されたものであり，各層はファン・デル・ワールス力で吸着しているため

剥がれやすく，容易に劈開できる．たとえば，セロハンテープのような粘着テープを貼り付けて剥がすだけで，簡単に薄膜が得られる．実際に，グラファイトに粘着テープを貼って剥がす作業を複数回繰り返すことで，単層のグラフェンを機械的に剥離し，それを試料とした物性の計測が行われている[28]．この単層グラフェンは，上述の高い電気伝導性のほか，スピン伝導などの興味深い特徴が観測・予測されており，次世代の電子デバイス材料として期待され，研究が進められている．グラフェンは，機械的剥離以外にも，炭化水素ガスを加熱した銅やニッケルなどの金属触媒上に導入して，化学反応により作製する方法（CVD法）や，シリコン基板上に形成したシリコンカーバイドSiCを加熱して作製する方法（SiC熱分解法）などが報告されており，条件によって品質やサイズの異なるグラフェンシートが作製されている．

　グラフェンシート自体はバンドギャップをもたない物質であるが，ナノメートルサイズの幅をもつ，帯状のグラフェンである**グラフェンナノリボン**（graphene nanoribbon）や，グラフェンシートに小さな穴が規則的にあいている**グラフェンナノメッシュ**（graphene nanomesh）は，バンドギャップをもつことが報告されている．これらの物質では，リボンの幅や穴の間隔などの構造によってバンドギャップを変化させることができるため，これらの特性を活かした電子デバイス材料としての応用も研究されている．このようなナノメートルサイズ構造を精密に作製する技術も重要な課題の一つである．

　グラフェンシートを丸めて筒状にした構造は**カーボンナノチューブ**（carbon nanotube：**CNT**）とよばれ，飯島澄男により1991年に発見された．1枚のグラフェンシートが筒状になった**単層CNT**（single wall carbon nanotube：**SWCNT**）は，その巻き方（ヘリシティ）に応じて，導体または半導体の性質を示すことが報告されている．しかし，作製時にはヘリシティまで十分に制御できないため，多くの場合は大量生産した異なる特性の混合物をそのまま使用するか，できるだけ分離して使用する．また，複数枚のグラフェンシートが筒状になったものは**多層CNT**（multi wall carbon nanotube：**MWCNT**）とよばれる．これらCNTは，炭素材料のアーク放電での生成物として発見されたが，鉄などの金属触媒（とくにナノ粒子）で炭化水素ガスから合成する方法などが報告されている．

　フラーレン（fullerene）C_{60}は，6員環20個と5員環12個で構成された，60個のC原子からなるサッカーボールと同じような32面体構造である．6員環で構成されることでわかるように，これもsp^2混成軌道で形成されている．C_{60}は，それ自身が一つの原子であるかのような格子構造をとることができ，その中にアルカリ金属

をドープすることで超伝導体になることが報告されている．また，C_{60} およびこれに化学官能基が結合した誘導体分子はアクセプタ性分子の一つであり，有機太陽電池や有機トランジスタの材料として使用される．C_{70}，C_{74}，C_{76} などの C 原子の数が 60 より多いものは高次フラーレンとよばれ，少し歪んだ球状の構造を形成する．

　以上のように，炭素の同素体材料は，その構造に応じてそれぞれ興味深い物性が観測されており，ナノテクノロジーの進展において大きな役割を果たしてきた．現在もこれらの材料をベースに，応用を目指して研究が進められている．

第7章 自己組織化

ナノテクノロジーにおいてボトムアップ的アプローチの重要性が高まっていること，そしてボトムアップ的アプローチには自己組織化という概念が密接な関係をもつことを，第5章で述べた．STM や AFM などのプローブ顕微鏡を使えば，原子や分子を任意に移動できることが報告されているが，これはあくまでも技術的な可能性を示したものにすぎない．熟練した操作者が，最先端の機器を利用して一つひとつ時間をかけてはじめて実現できた，一種のデモンストレーションである．ボトムアップ的アプローチを実応用に供するには，それよりはるかに多くのナノメートルサイズの部品を，操作者の技量に依存することなく，現実的な時間内に組み立てなければならない．部品自体が並列的に，適切な配置で組み上がるという自己組織化は，その有力な手法となり得る．本章では，このような部品の組み立て技術としての自己組織化（self-assembly）†を対象として述べる．

7.1　自己組織化とは

自己組織化は，「個々の構成要素（部品）の局所的な（ローカルな）相互作用によって，全体の（グローバルな）構造が構築される現象」と捉えることができる．局所的な相互作用とは，個々の構成要素間にはたらく相互作用が，隣接する構成要素との関係だけで決定されているということである．したがって，全体の調整役というべき機能は存在しない．

単純化した例で考えてみると，A と B という二つの部品が存在し，A と A は反発し，A と B は引き合うという相互作用があるとする．この A と B を混ぜ合わせると，AAABBB という配列よりも，ABABAB という配列が自発的に選択されるこ

---

† その点では，本章で述べる内容は自己集合（自己集積）という表現がふさわしい．自己組織化（self-organization）という言葉は，散逸構造（dissipative structure）[29] やシナジェティックス（synergetics）[30]，非平衡開放系などの研究分野における，エネルギーを取り込みながら自発的に構造が形成される現象を指して使われることも多い．たとえば，ベロウゾフ - ジャボチンスキー反応での時間的・空間的振動現象や，流体のベナール対流などが代表的である．

とが想像できる．このように，要素間の相互作用のみから，規則的な全体構造が現れる．

　身近な例として，シャボン玉を取り上げる．シャボン玉は，石けんなどの**界面活性剤**（surfactant）の分子の水溶液でできている．界面活性剤の分子構造の例を**図 7.1**に示す．界面活性剤の分子は，分極あるいはイオン化して極性をもつ部分と，極性をもたない部分（おもにアルキル鎖）から構成される．極性をもつ部分は，同じく極性をもつ水分子と引き合うため**親水性**（hydrophilic）であり，無極性であるアルキル鎖の部分は**疎水性**（hydrophobic）である．これらはそれぞれ親水基，疎水基ともよばれる．

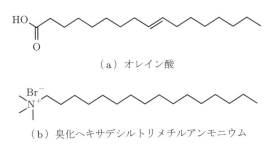

（a）オレイン酸

（b）臭化ヘキサデシルトリメチルアンモニウム

図 7.1　界面活性剤の分子構造の例

　親水基は水になじみ，疎水基は水になじみにくいため，界面活性剤の分子は親水基が水側，疎水層がその逆側となるように集まり，シャボン玉は**図 7.2** のように多層膜となっている．最も薄い膜の場合，界面活性剤・水・界面活性剤の 3 層構造である．このようなシャボン玉の規則的な層構造は，界面活性剤の親水基・疎水基や水分子の極性によって生じる．それらの間にはたらく局所的な相互作用だけで形成

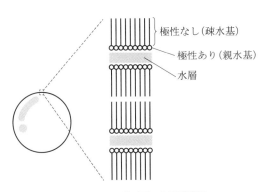

極性なし（疎水基）

極性あり（親水基）

水層

図 7.2　シャボン玉の多層膜構造

されたものであり，外部から意図的に操作したものではない．このように自己組織化とは，構成要素間の単純な相互作用により，秩序をもった全体構造が形成される現象である．

　親水性，疎水性を積極的に利用した製膜技術の一つに，**ラングミュア - ブロジェット膜**（Langmuir–Blodget film：**LB 膜**）がある．これは，**図 7.3** に示すように，界面活性剤などの**両親媒性**（amphiphilic）の分子を気液界面に展開して膜を形成させ，その膜を基板上に移し取るという方法である．このとき分子の親水性の部分は水側を向き，疎水性の部分は水面から大気中に突き出すように向くため，分子の配向は自己組織的にそろう．水面に設置した可動式の壁を動かし，分子を展開している部分を圧縮することで稠密な分子膜が得られる．また，水面で基板を上下させれば多層膜が得られる．

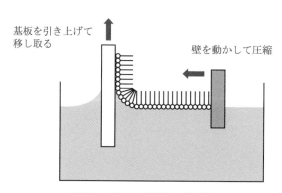

基板を引き上げて移し取る

壁を動かして圧縮

図 7.3　LB 膜の作製法の模式図

　極性による分子間の引力を利用した例として，基板上に蒸着した有機分子の自己組織化構造を**図 7.4〜7.6** に示す [31–33]．これらは金属基板上で有機分子が形成した構造を，超高真空 STM で観察したものである．自己組織化構造を実空間イメージとして取得することで，分子間相互作用や基板 - 分子間相互作用との関係解明に役立てることができる．

　図 7.4 は，1 個または 2 個のシアノ基（–CN）をもつポルフィリン誘導体分子が，Au(111) 基板上に蒸着されて形成した構造（超構造）である．シアノ基の N がもつ極性（δ^-）に，ほかの分子のフェニル基の H（δ^+）が引きつけられ，水素結合が形成される．シアノ基を 1 個もつ場合は三量体が，隣接する 2 個のシアノ基をもつ場合は四量体が，対向する 2 個のシアノ基をもつ場合は直線状の構造が，自己組織的に形成される．

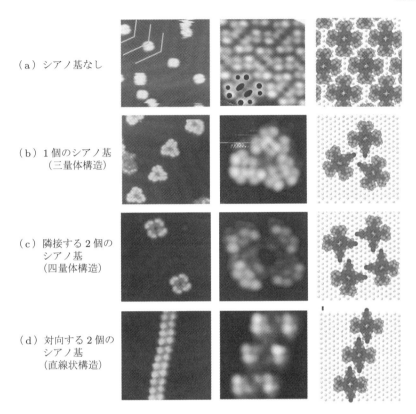

（a）シアノ基なし

（b）1個のシアノ基
　　（三量体構造）

（c）隣接する2個の
　　シアノ基
　　（四量体構造）

（d）対向する2個の
　　シアノ基
　　（直線状構造）

図 7.4　シアノ基をもつポルフィリン誘導体分子の自己組織化構造

出典：T. Yokoyama, S. Yokoyama, T. Kamikado, Y. Okuno, S. Mashiko,
Nature **413** (2001) 619–621.

　図 7.5 は，エチニル基（–C≡CH）をもつポルフィリン誘導体分子が Au(111) 基
板上に形成した直線状構造である．電気陰性度で考えるとエチニル基のもつ極性は
非常に小さいと考えられるが，エチニル基の H と結合している C と，フェニル基の
H の間の引力が作用して，直線状構造を形成していると考えられる．

　図 7.6 は，サブフタロシアニン誘導体分子が Au(111) 基板上に形成したハニカム
構造である．このように，分子間の相互作用と分子‐基板間の相互作用によって自
己組織的に超構造が形成されることもある．

　このような自己組織化構造は，基礎研究の対象として学術的な面で興味深いだけ
でなく，有機分子デバイスへの工学的応用という視点からも重要であり，研究が進
められている．

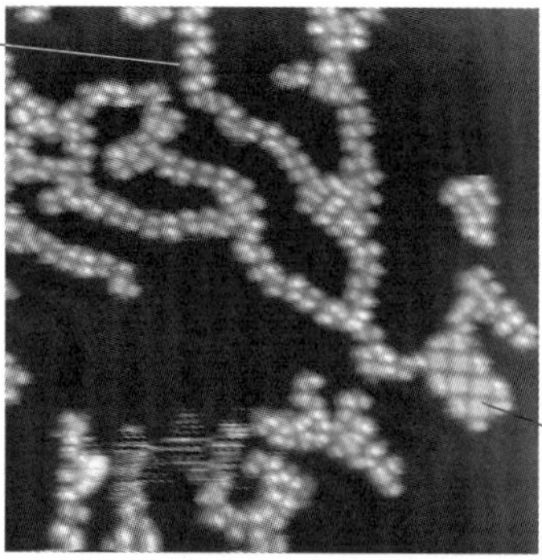

列を形成

正方形の構造

図 7.5　エチニル基をもつポルフィリン誘導体分子の自己組織化構造 [32]

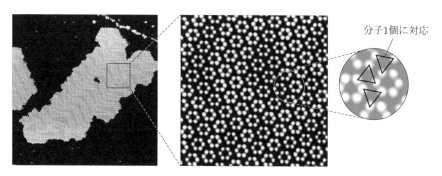

分子1個に対応

図 7.6　サブフタロシアニン誘導体分子の自己組織化構造 [33]

7.2　自己組織化単分子膜

　自己組織化単分子膜（self-assembled monolayer membraneb：SAM 膜）は，分子が自発的に基板上に並び，単一分子層を形成した膜である．このような膜を形成する分子として，アルカンチオール分子（alkanethiol）とアルキルシラン分子（alkyl silane）が一般的に知られており，よく使用される．これらは，それぞれ異なる素材の基板上に膜を形成する．最近では，その他の官能基をもつ分子が形成する自己組織化単分子膜も研究・使用されつつある．

　アルカンチオール分子は，主としてアルキル鎖（alkyl chain）とチオール基（thiol group，あるいはメルカプト基（mercapto group）ともよばれる）からなる分子であり，その構造は図 7.7 のようになっている．チオール基（–SH）の S 原子は Au や Ag などの貴金属原子と結合する性質をもっており，アルカンチオール分子を清

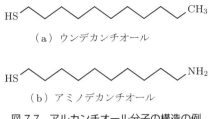

（a）ウンデカンチオール

（b）アミノデカンチオール

図 7.7　アルカンチオール分子の構造の例

浄な Au 表面に触れさせると，チオール基の H 原子が外れて S 原子と Au 原子が結合する [34]．具体的には，アルカンチオール分子を溶かしたエタノール溶液に清浄な Au 基板を浸積することで，この反応を発生させる．チオール基と Au との反応は下のように考えられている．

$$R\text{–S–H} + Au^0 \longrightarrow R\text{–S}^-Au^+ + \frac{1}{2}H_2$$

アルカンチオールの自己組織化構造は，大きく分けて二つのプロセスによって形成される．最初のプロセスでは，アルカンチオール分子が Au 基板上に分子が横倒しになった形で吸着し，数分で表面上を完全に覆う．これは分子と基板とのファン・デル・ワールス力によって，分子が基板上に吸着していく過程である．吸着した分子の S と Au が結合する．その後，分子の表面密度が高くなるにつれて，分子が表面に対して立ち上がりながら，分子の表面密度が上がっていくプロセスが進行する．この 2 番目のプロセスは数時間を要する．このプロセスは S と Au の化学結合によって分子と基板が結合するとともに，分子どうしのファン・デル・ワールス力による結晶化の過程である．基板上の分子密度が上昇すると，アルキル鎖どうしはファン・デル・ワールス力によって引き合うと同時に，極性溶媒内における無極性分子どうしの相互作用によって引き合うため，アルキル鎖が基板から立ち上がり，密度の高い単分子膜を形成する．一般にアルキル鎖が長いほうがファン・デル・ワールス力がはたらきやすいために，分子が規則的に並んだ膜を形成しやすいとされている．

アルカンチオール分子が Au(111) 表面上に吸着したときの表面構造は，電子線回折や STM によって解析されている．一般には，この表面構造は $\sqrt{3} \times \sqrt{3} - R30°$ や c(4 × 2) と書かれることが多い．$\sqrt{3} \times \sqrt{3}$ は，最も単純な分子配列のモデルであるが，詳細な計測によると 2 種類の異なる吸着サイトがあるとされている [35]．

アルカンチオール分子のアルキル鎖の末端が，カルボキシル基（carboxyl group）やアミノ基（amino group）など異なる官能基をもつ分子を用いた SAM 膜を基板

上に形成することで，基板を特定の官能基で被覆することもできる．

　アルキルシラン分子は，基板表面に存在する水酸基と反応する官能基をもつ分子であり，酸化シリコンやガラス表面上への SAM 膜を形成する際に使用される．図 7.8 に，アルキルシラン分子の構造を示す．官能基としては，Si 原子に 3 個（または 1 個）のメトキシ基（methoxy group，$-OCH_3$）やエトキシ基（ethoxy group，$-OCH_2CH_3$）などのアルコキシ基が結合しているものや，Si 原子に 3 個の Cl 原子が結合したものが一般的である．エトキシ基と基板表面水酸基の反応では，エトキシ基が加水分解して水酸基に変化することでシラノールを作り，そのシラノールと基板表面の水酸基が脱水反応によって結合する（図 7.9）．このような分子の末端に特定の官能基，たとえばアミノ基などをもたせることで，酸化シリコンやガラス表面上の修飾が可能である．

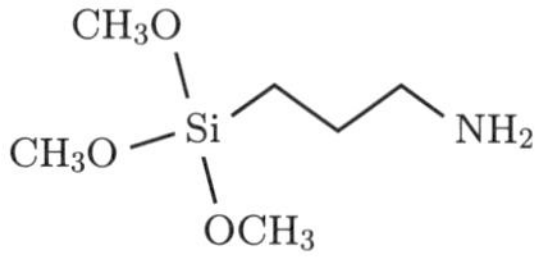

図 7.8　アルキルシラン分子の構造

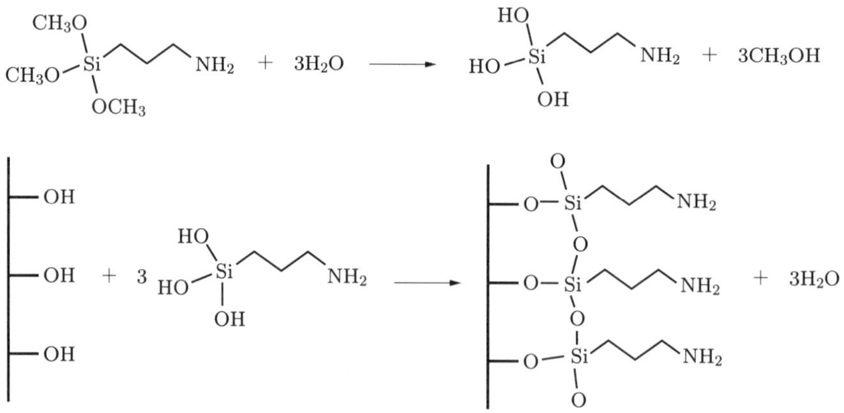

図 7.9　アミノプロピルトリメトキシシランと水酸基をもつ表面との反応

　SAM 膜の具体的な作製方法は，分子構造によって異なる．たとえば，分子のエタノール溶液（必要に応じて酸を添加する）に基板を浸積させて膜を形成する方法，または閉鎖容器内でこれらの分子と基板を共存させて，蒸発させた分子が基板上で反応させる気相反応法（一種の CVD 法）などが利用される．

　これらの SAM 膜において，分子は基板に対して垂直に立っているわけではなく，基板と反応する部分の原子の結合角などに依存して一定の傾きをもっている．たとえば，Au 基板上のヘキサデカンチオール分子の SAM 膜では，約 30° 傾いて分子が結合している（**図 7.10**）．

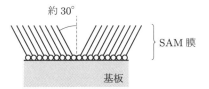

約 30°

SAM 膜

基板

図 7.10　SAM 膜の基板に対する傾き

　このような SAM 膜は，表面の潤滑性の向上や疎水化，親水化など，表面の改質としてコーティングの分野で応用される．また，表面を特定の官能基で被覆できることを利用して，有機分子や生体分子を基板に固定するための表面修飾として用いられることも多い．たとえば，電界効果トランジスタのゲート部分に生体分子を固定し，その生体分子に特定物質が結合（抗体分子に対する抗原や一本鎖 DNA に相補的な塩基配列の DNA 鎖が結合するなど）したことによるゲート電圧の変化から，センサーを実現する技術も開発されている．SAM 膜は，このようなタンパク質や DNA などの生体分子を，固体表面に結合させる足場として使用されたり，生体分子が固体表面に接触して変性しないようにするための表面修飾として使用されたりすることも多い．

7.3　基板上での自己組織的な 2 次元構造の形成

　金属基板上において有機分子が形成するさまざまな自己組織化構造が，STM によって観察されてきている．たとえば，Ag(111) 基板上のフラーレンとサブフタロシアニン分子の場合には，混合比に応じて異なる超構造をとることが観察されている（**図 7.11**）[36]．フラーレンだけの場合は六方格子の超構造を形成し，サブフタロシアニン分子だけの場合にはハニカム状（2 個のサブフタロシアニン分子を単位とした六方格子）の構造を形成する．これらが同一基板上において共存している場合，フラーレンとサブフタロシアニンの比 C_{60} : SubPc が 3 : 2 のときには，3 個の C_{60} が直線に並び，その両側に 2 個のサブフタロシアニン分子が並んだ超構造をとり，比が 3 : 3（1 : 1）のときには，3 個の C_{60} が三角形に並び，その周囲に 3 個のサブ

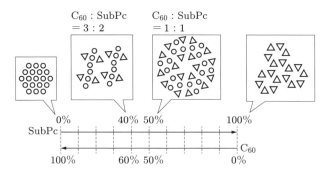

図 7.11　サブフタロシアニンと C$_{60}$ が Ag(111) 上で形成する超構造 [36]
2 種類の分子の比に応じて形成する超構造が異なる.

フタロシアニン分子が並ぶ星状の構造を形成する. とくに, この系では分子が拡散している基板面の領域も観察されており, 分子間の引力によってこのような異なる混合構造が形成されていると考えられる.

　図 7.4 のように, 水素結合を利用した 2 種類の分子の結合によって自己組織化構造を形成する例も報告されている. Si(111) 基板上に銀を堆積させ, その上にペリレン誘導体分子 (perylene tetra-carboxylic di-imide) とメラミン (1,3,5-triazine-2,4,6-triamine) を堆積させた場合の構造を**図 7.12** に示す [37]. この組み合わせでは, ペリレンの端の酸素とメラミンの水素の間の水素結合, ペリレンの端の窒素に結合した水素とメラミンの窒素の間の水素結合によって, ペリレンとメラミンが交互に結合するようになっている. また, メラミンの分子形状が三角形であるため, 1 個のメラミン分子に対して 3 個のペリレンが結合し, 全体としてハニカム状の構造が形成されている. この例は, 分子の形状と分子間の相互作用によって自己組織化のメカニズムを制御でき, 特定の周期構造を自己組織的に構築できることを示している.

　グラフェンに関する研究が 2010 年ノーベル賞の対象となり, 2 次元構造体に関する学術的な興味だけではなく, デバイス応用の面からも興味がもたれ, 研究が進められている. グラフェンを作製する (大面積化を目指す) 手法では, グラファイトの機械的劈開 (剥離), 金属触媒基板上での CVD, SiC の熱分解などが用いられている. 一方, バンドギャップをもつグラフェンナノ構造の一つであるナノリボンを作製するためには, このようなグラフェンシートを後から加工するトップダウン的方法とともに, 前駆体である有機分子を基板上で結合させてナノリボンを構築するボトムアップ法も注目されている. たとえば, Au(111) 基板上に蒸着したジブロモ−

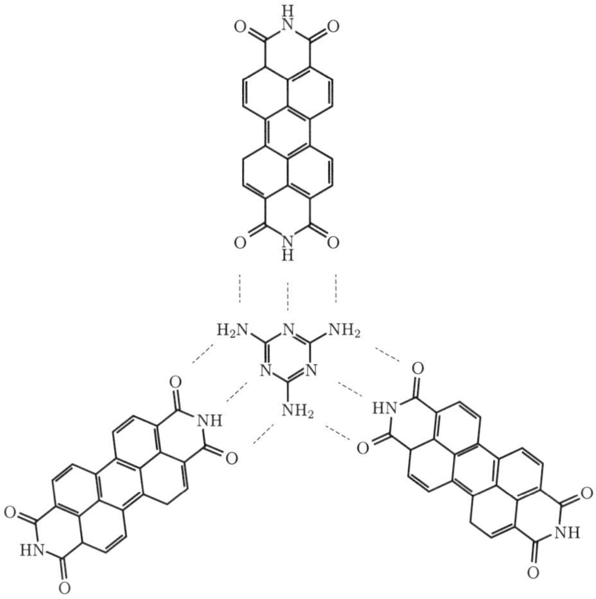

図 7.12　水素結合を利用した自己組織化構造

ビアントリル（10,10′-dibromo-9,9′-bianthryl）を 200℃ で加熱することでウルマン反応（Ulmann coupling）によって分子を 1 次元状に結合し，さらに 400℃ 加熱による脱水素反応で未結合の C 原子どうしが結合し，アームチェアエッジをもつベンゼン環 3 個分の幅をもつナノリボンが作製できることが報告されている（図 7.13）[38]．このとき，Au(111) 基板は触媒としての役割を果たしている．この手法で形成されたグラフェンナノリボンの幅は，ベンゼン環 3 個分（0.72 nm）という非常に狭いものになっており，大きなグラフェンシートを加工して作製する技術では実現し得ないものとなっている．また，このような前駆体分子（precursor）の結合によってグラフェンナノ構造を作製する手法においては，形成されたナノ構造は原材料分子（前駆体分子）の構造によって決定されるという特徴をもつ．したがって，ほかの構造の前駆体分子を用いれば，異なる幅のナノリボンやエッジ形状の異なるナノリボンなどの作製も可能になり [39,40]，発展が期待できる技術である．たとえば，ヘキサブロモトリフェニレンを前駆体分子に選べば，穴の配列したナノメッシュ構造の作製も可能である（図 7.14）．このような技術も，自己組織化によってナノ構造を形成する技術の一つである．

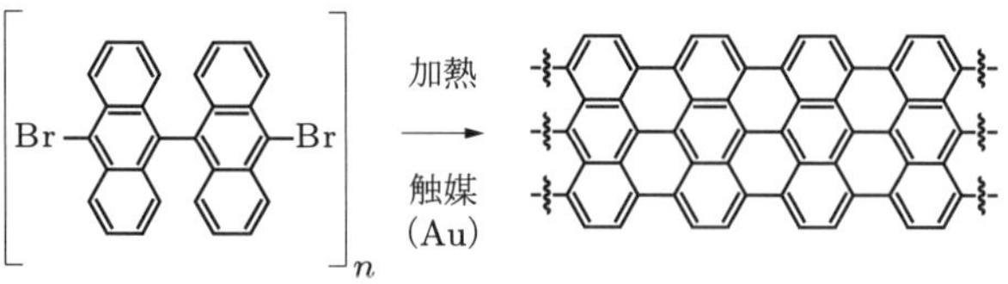

図 7.13　ジブロモ - ビアントリルによるグラフェンナノリボンの作製スキーム[38]

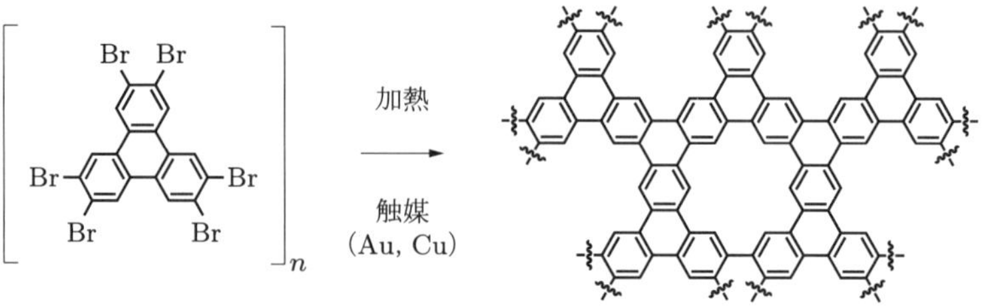

図 7.14　ヘキサブロモトリフェニレンによるグラフェンナノメッシュの作製スキーム

7.4　DNA による自己組織化

　生物の遺伝情報を担っているデオキシリボ核酸（DNA）は，アデニン（adenine）A，チミン（thymine）T，グアニン（guanine）G，シトシン（cytosine）C の 4 種類の塩基が糖鎖に結合した繊維状の構造であり，A に対して T，G に対して C が特異的に結合することで，二重らせんを形成している（図 7.15）．A と T の間には2 組の水素結合が形成され，G と C の間には 3 組の水素結合が形成されており，この違いが特異的結合の起源となっている．遺伝情報は，ATGC の並びで保存されており，そのコピーを作製する際には上記の相補的な対を作る特性を利用している．この DNA の塩基対どうしの相補的な結合によって二重らせんが形成されることも，自己組織的な構造形成の例である．

　このような相補的な結合は，試験管内でも条件を整えれば実現できる．実際に，塩基間の相補的な結合によって特定の構造を形成するような配列（生物の遺伝情報と関係のない配列）を設計して DNA を合成し，結合を形成する条件下に置くことで，自己組織的にナノ構造を構築できる．このような技術は「DNA 折り紙」とよばれており，2 次元のシートや四角形や三角形，星形などの様々な形，3 次元構造が自己組織的に作製されている（図 7.16）[41–43]．このような構造は，電子的な作用をもつ構造体を配置するための鋳型や足場として利用することも可能である[44]．

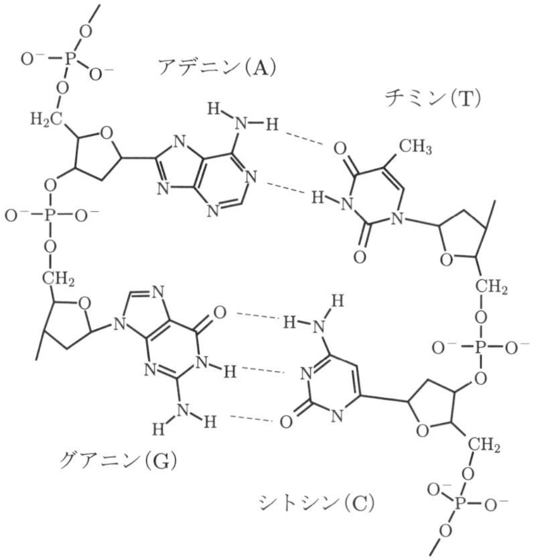

アデニン（A）

チミン（T）

グアニン（G）

シトシン（C）

図 7.15　DNA の構造

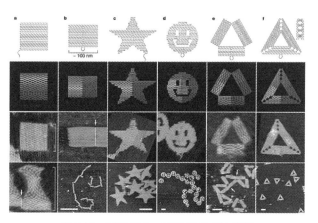

図 7.16　DNA によって作られた様々な形
出典：P.W.K. Rothemund, Nature **440** (2006) 297.

付　録　電子軌道

　原子や分子における電子の軌道は，シュレディンガー方程式を解けば求められる．ただし，複数の電子をもつ原子や分子のシュレディンガー方程式を解析的に解くことは困難である．ここでは，最も単純な水素原子のシュレディンガー方程式を解き，6.2 節で示した電子軌道の形状について考えてみよう．

　水素原子は，原子核（陽子）と電子 1 個からなる．原子核の質量は電子の質量 m_e に比べて非常に大きいので，原子核は静止しており，電子は原子核からの電気的な引力を受けて運動すると考える[†1]．このとき，シュレディンガー方程式は次のようになる．

$$\left\{-\frac{\hbar^2}{2m_e}\left(\frac{\partial^2}{\partial x^2}+\frac{\partial^2}{\partial y^2}+\frac{\partial^2}{\partial z^2}\right)+\mathcal{U}\right\}\psi = E\psi \tag{A.1}$$

ここで，$\mathcal{U}$ は原子核が作る電場中での電子のポテンシャルエネルギーであり，電磁気学で学ぶように，$\mathcal{U} = -e^2/4\pi\epsilon_0 r$ という原子核中心からの距離 r に依存した形になる[†2]．そこで，上式を極座標表示で次のように書き直す．θ は z 軸と動径 r のなす角 $(0 \leq \theta \leq \pi)$，φ は x 軸と xy 平面への動径 r の射影がなす角である $(0 \leq \varphi < 2\pi)$．

$$\frac{1}{r^2}\frac{\partial}{\partial r}\left(r^2\frac{\partial\psi}{\partial r}\right) + \frac{1}{r^2\sin\theta}\left(\sin\theta\frac{\partial\psi}{\partial\theta}\right) + \frac{1}{r^2\sin^2\theta}\frac{\partial^2\psi}{\partial\varphi^2}$$
$$+ \frac{2m_e}{\hbar^2}(E - \mathcal{U}(r))\psi = 0 \tag{A.2}$$

この微分方程式の解を $\psi = R(r)\Theta(\theta)\Phi(\varphi)$ とおき，変数分離する．

$$\frac{\sin^2\theta}{R}\frac{d}{dr}\left(r^2\frac{dR}{dr}\right) + \frac{\sin\theta}{\Theta}\frac{d}{d\theta}\left(\sin\theta\frac{d\Theta}{d\theta}\right) + \frac{2m_e r^2\sin^2\theta}{\hbar^2}(E - \mathcal{U}(r))$$
$$= -\frac{1}{\Phi}\frac{d^2\Phi}{d\varphi^2} \tag{A.3}$$

上式の左辺は r，θ の関数，右辺は φ のみの関数であるから，定数 m を用いて，

[†1]　正確には，原子核と電子の相対運動であるので換算質量を用いて方程式を考える必要がある．

[†2]　ここでは SI で記しているが，単位系を選ぶことで $-e^2/r$ と表すこともできる．

(左辺) = (右辺) = m^2 とおける．φ に関する微分方程式は，次のようになる．

$$\frac{1}{\Phi}\frac{\mathrm{d}^2\Phi}{\mathrm{d}\varphi^2} = -m^2 \tag{A.4}$$

ただし，周期性から $\Phi(\varphi + 2\pi) = \Phi(\varphi)$ を満たさねばならない．この解は，m を整数として

$$\Phi_m = \frac{1}{\sqrt{2\pi}}\exp im\varphi \tag{A.5}$$

と求められる．上式は，$|\Phi_m|^2$ を φ の全範囲で積分すると 1 となるように規格化されている．m は**磁気量子数**（magnetic quantum number）とよばれる．

　残りの r と θ に関する微分方程式は，定数 β を用いてさらに次のように分離できる．

$$-\frac{1}{\Theta\sin\theta}\frac{\mathrm{d}}{\mathrm{d}\theta}\left(\sin\theta\frac{\mathrm{d}\Theta}{\mathrm{d}\theta}\right) + \frac{m^2}{\sin^2\theta} = \beta \tag{A.6}$$

$$\frac{1}{R}\frac{\mathrm{d}}{\mathrm{d}r}\left(r^2\frac{\mathrm{d}R}{\mathrm{d}r}\right) + \frac{2m_\mathrm{e}r^2}{\hbar^2}\left(E + \frac{e^2}{4\pi\epsilon_0 r}\right) = \beta \tag{A.7}$$

　θ に関する微分方程式 (A.6) は，$\mu = \cos\theta$ と変数変換すると，

$$\frac{\mathrm{d}}{\mathrm{d}\mu}\left\{(1 - \mu^2)\frac{\mathrm{d}\Theta}{\mathrm{d}\mu}\right\} + \left(\beta - \frac{m^2}{1 - \mu^2}\right)\Theta = 0 \tag{A.8}$$

となる．これはルジャンドルの陪微分方程式として知られ，l を非負整数として $\beta = l(l + 1)$ のとき解が得られる．その解は，ルジャンドル多項式（Legendre polynomial）$P_l^m(\cos\theta)$ を含む次式で表される．

$$
\begin{aligned}
\Theta_{l,m} &= \sqrt{\frac{2l + 1}{2}\frac{(l - |m|)!}{(l + |m|)!}}\,P_l^m(\cos\theta) \\
&= \sqrt{\frac{2l + 1}{2}\frac{(l - |m|)!}{(l + |m|)!}}\frac{(1 - \cos^2\theta)^{|m|/2}}{2^l l!}\frac{\mathrm{d}^{|m|+l}}{(\mathrm{d}\cos\theta)^{|m|+l}}(\cos^2\theta - 1)^l
\end{aligned} \tag{A.9}
$$

この解も，$|\Theta_{l,m}|^2$ を θ の全範囲で積分すると 1 になるように規格化されている．$l = 0, 1, 2, \ldots$ は**軌道角運動量量子数**（azimuthal quantum number，または**方位量子数**）とよばれる．また，$\Theta_{l,m}$ および Φ_m をまとめた $Y_{l,m} = \Theta_{l,m}(\theta)\Phi_m(\varphi)$ は，**球面調和関数**（spherical harmonics）とよばれる．$l - |m| \geq 0$ より，磁気量子数 $m = 0, \pm 1, \pm 2, \ldots, \pm l$ である．

r に関する微分方程式 (A.7) は，まず

$$r = \frac{4\pi\epsilon_0 n\hbar^2}{2m_e e^2}\rho = \frac{na_0}{2}\rho \tag{A.10}$$

と変数変換する．ここで，n は正整数，$a_0 = 4\pi\epsilon_0\hbar^2/m_e e^2 = 0.529\,\text{Å}$ はボーア半径である．さらに，

$$E = -\left(\frac{1}{4\pi\epsilon_0}\right)^2 \frac{m_e e^4}{2\hbar^2 n^2} \tag{A.11}$$

とすると，式 (A.7) は

$$\frac{\mathrm{d}^2 R}{\mathrm{d}\rho^2} + \frac{2}{\rho}\frac{\mathrm{d}R}{\mathrm{d}\rho} + \left\{-\frac{1}{4} + \frac{n}{\rho} - \frac{l(l+1)}{\rho^2}\right\}R = 0 \tag{A.12}$$

となる．$R = u(\rho)\rho^l \exp(-\rho/2)$ とおき，$p = n + l$, $q = 2l + 1$ とすると，

$$\rho\frac{\mathrm{d}^2 u}{\mathrm{d}\rho^2} + (q + 1 - \rho)\frac{\mathrm{d}u}{\mathrm{d}\rho} + (p - q)\rho = 0 \tag{A.13}$$

となり，これはラゲールの陪微分方程式とよばれる．この解 $u(\rho) = L_p^q(\rho)$ はラゲールの陪多項式（associated Laguerre polynomials）とよばれ，次式で表される．

$$L_p^q(\rho) = \frac{\mathrm{d}^q}{\mathrm{d}\rho^q}L_p(\rho) = \frac{\mathrm{d}^q}{\mathrm{d}\rho^q}\left[(\exp\rho)\frac{\mathrm{d}^p}{\mathrm{d}\rho^p}\{\rho^p \exp(-\rho)\}\right] \tag{A.14}$$

ただし，$0 \leq q \leq p$ である．$L_p(\rho)$ はラゲールの多項式とよばれる．以上から，式 (A.7) の解は

$$R_{n,l}(\rho) = -\sqrt{\frac{4(n-l-1)!}{n^4\{(n+l)!\}^3}}\left(\frac{1}{a_0}\right)^{3/2}\rho^l \exp\left(-\frac{\rho}{2}\right)L_{n+l}^{2l+1}(\rho) \tag{A.15}$$

で表される．上式も，$|R_{n,l}|^2$ を r の全範囲で積分すると 1 となるように規格化されている．$n = 1, 2, 3, \ldots$ は**主量子数**（principal quantum number）とよばれ，$n = 1$ が K 殻，$n = 2$ が L 殻，$n = 3$ が M 殻，$\ldots$ に対応する．$q = 2l + 1 \leq p = n + l$ より，軌道角運動量量子数 $l = 0, 1, 2, \ldots, n - 1$ である．$R_{n,l}$ の例を，いくつかの n, l の組み合わせについて示すと，次のようになる．

$$(n, l) = (1, 0)\ \text{のとき}:\quad R_{1,0} = 2\left(\frac{1}{a_0}\right)^{3/2}\exp\left(-\frac{\rho}{2}\right) \tag{A.16}$$

$$(n, l) = (2, 0)\ \text{のとき}:\quad R_{2,0} = \frac{1}{2\sqrt{2}}\left(\frac{1}{a_0}\right)^{3/2}(2 - \rho)\exp\left(-\frac{\rho}{2}\right) \tag{A.17}$$

$$(n, l) = (2, 1) \text{ のとき：} \quad R_{2,1} = \frac{1}{2\sqrt{6}} \left(\frac{1}{a_0} \right)^{3/2} \rho \exp\left(-\frac{\rho}{2} \right) \tag{A.18}$$

$R_{n,l}$ は距離だけに依存する関数であり，電子軌道の方向を決めるのは角度に依存する関数である球面調和関数 $Y_{l,m}$ である．$Y_{l,m}$ の例を，いくつかの l, m の組み合わせについて示すと，次のようになる．

$$(l, m) = (0, 0) \text{ のとき：} \quad Y_{0,0} = \frac{1}{\sqrt{4\pi}} \tag{A.19}$$

この関数は θ, φ に依存しないので，等方的な球状の電子軌道を表している．これが図 6.1 (a) に示した s 軌道である．

$$(l, m) = (1, 0) \text{ のとき：} \quad Y_{1,0} = \sqrt{\frac{3}{4\pi}} \cos\theta \tag{A.20}$$

この関数は φ に依存しないので，z 軸対称であり，$\theta = 0, \pi$ で波動関数の確率密度が最大になる．つまり，z 軸に沿って存在確率が最大となる電子軌道を表している．これが図 6.1 (d) に示した p$_z$ 軌道である．

$$(l, m) = (1, \pm 1) \text{ のとき：} \quad Y_{1,\pm 1} = \mp\sqrt{\frac{3}{8\pi}} \sin\theta \exp(\pm i\varphi) \tag{A.21}$$

これら二つの関数の 1 次結合として，次の 2 式を考える．

$$\frac{1}{\sqrt{2}}(Y_{1,-1} - Y_{1,+1}) = \sqrt{\frac{3}{4\pi}} \sin\theta \cos\varphi \tag{A.22}$$

$$\frac{i}{\sqrt{2}}(Y_{1,-1} + Y_{1,+1}) = \sqrt{\frac{3}{4\pi}} \sin\theta \sin\varphi \tag{A.23}$$

式 (A.22) は $\theta = \pi/2$, $\varphi = 0, \pi$ で波動関数の確率密度が最大になり，式 (A.23) は $\theta = \pi/2$, $\varphi = \pi/2, 3\pi/2$ で波動関数の確率密度が最大になる．すなわち，それぞれ x 軸，y 軸に沿って存在確率が最大となる電子軌道を表している．これらが図 6.1 (b)，(c) に示した p$_x$ 軌道，p$_y$ 軌道である．以上のように，軌道角運動量量子数 $l = 1$ の波動関数は x, y, z の各軸方向に伸びる p 軌道を表す．

同様に，軌道角運動量量子数 $l = 2$ の場合は

$$(l, m) = (2, 0) \text{ のとき：} \quad Y_{2,0} = \sqrt{\frac{5}{16\pi}} (3\cos^2\theta - 1) \tag{A.24}$$

$$(l, m) = (2, \pm 1) \text{ のとき：} \quad Y_{2,\pm 1} = \mp\sqrt{\frac{15}{8\pi}} \sin\theta \cos\theta \exp(\pm i\varphi) \tag{A.25}$$

$$(l, m) = (2, \pm 2) \text{ のとき：} \quad Y_{2,\pm 2} = \mp \sqrt{\frac{15}{32\pi}} \sin^2 \theta \exp(\pm 2i\varphi) \qquad \text{(A.26)}$$

となり，これらより五つの d 軌道を表す波動関数が作られる．d 軌道の形状は複雑であるが，最大となる θ と φ の値を考えることで，軌道の伸びる方向を予想することができる．

参考文献

本文中で参照した文献

[1] リチャード・ファインマン：ファインマンさん　ベストエッセイ，岩波書店 (2001).

[2] K.E. ドレクスラー：創造する機械―ナノテクノロジー，パーソナルメディア (1992).

[3] K. Takayanagi, Y. Tanishiro, S. Takahashi, M. Takahashi, Surface Sci. **164** (1985) 367–392.

[4] A. Zangwill 著, 平木昭夫ほか訳：表面の物理学, 日刊工業新聞社 (1991). （原著）A. Zangwill: Physics at Surfaces, Cambridge Univ. Press (1988).

[5] F. Duan and J. Guojun: Introduction to Condensed Matter Physics, Volume 1, World Scientific (2005).

[6] S.G. Davison and M. Stęślicka: Basic Theory of Surface States, Oxford Univ. Press (1992).

[7] F. Forstmann, Z. Physik **235** (1970) 69–74.

[8] M.P. Seah and W.A. Dench, Surf. Interface Anal. **1** (1979) 2–11.

[9] F.J. Giessibl, Appl. Phys. Lett. **73** (1998) 3956.

[10] F.J. Giessibl, Rev. Sci. Instrum. **90** (2019) 011101.

[11] U. Dammer, M. Hegner, D. Anselmetti, P. Wagner, M. Dreier, W. Huber, H.-J. Guntherodt, Biophys. J. **70** (1996) 2437–2441.

[12] Y. Sugimoto, P. Pou, M. Abe, P. Jelinek, R. Pérez, S. Morita, Ó. Custance, Nature **446** (2007) 64–67.

[13] C. Kergueris, J.-P. Bourgoin, S. Palacin, D. Esteve, C. Urbina, M. Magoga, C. Joachim, Phys. Rev. B **59** (1999) 12505.

[14] J. Reichert, R. Ochs, D. Beckmann, H.B. Weber, M. Mayor, H.v. Lohneysen, Phys. Rev. Lett. **88** (2002) 176804.

[15] H. Park, A.K.L. Lim, A.P. Alivisatos, J. Park, P.L. McEuena, Appl. Phys. Lett. **75** (1999) 301–303.

[16] T. Nagase, T. Kubota, S. Mashiko, Thin Solid Films **438–439** (2003) 374–377.

[17] T. Nagase, K. Gamo, T. Kubota, S. Mashiko, Thin Solid Films **499** (2006) 279–284.

[18] A.F. Morpurgo, C.M. Marcus, D.B. Robinson, Appl. Phys. Lett. **74** (1999) 2084–2086.

[19] M.F. Crommie, C.P. Lutz, D.M. Eigler, Science **262** (1993) 218–220.

[20] https://www.youtube.com/watch?v=oSCX78-8-q0

[21] A.J. Heinrich, C.P. Lutz, J.A. Gupta, D.M. Eigler, Science **298** (2002) 1381–1387.

[22] O. Custance, R. Perez, S. Morita, Nature Nanotech. **4** (2009) 803–810.

[23] S. Kubatkin, A. Danilov, M. Hjort, J. Cornil, J.-L. Brédas, N. Stuhr-Hansen, P. Hedegård, and T. Bjørnholm, Nature **425** (2003) 698–701. など

[24] S. Kumagai, S. Yoshii, N. Matsukawa, K. Nishio, R. Tsukamoto, and I. Yamashita, Appl. Phys. Lett. **94** (2009) 083103.

[25] C.B. Murray, C.R. Kagan, M.G. Bawendi, Annu. Rev. Mater. Sci. **30** (2000) 545–610.

[26] K. Akahane, N. Yamamoto, M. Tsuchiya, Appl. Phys. Lett. **93** (2008) 041121.

[27] 日本化学会編：化学便覧 基礎編 改訂 6 版，丸善 (2021).

[28] A.K. Geim, K.S. Novoselov, Nat. Mater. **6** (2007) 183.

[29] G. ニコリス，I. プリゴジーヌ著，小畠陽之助，相沢洋二訳：散逸構造—自己秩序形成の物理学的基礎，岩波書店 (1980).

[30] H. ハーケン著，牧島邦夫，小森尚志訳：協同現象の数理—物理，生物，化学的系における自律形成，東海大学出版部 (1980).

[31] T. Yokoyama, S. Yokoyama, T. Kamikado, Y. Okuno, S. Mashiko, Nature **413** (2001) 619–621.

[32] H. Suzuki, T. Yamada, T. Kamikado, Y. Okuno, S. Mashiko, J. Phys. Chem. B **109** (2005) 13296–13300.

[33] H. Suzuki, H. Miki, S. Yokoyama, S. Mashiko, Thin Solid Films **438–439** (2003) 97–100.

[34] A. Ulman, Chem. Rev. **96** (1996) 1533.

[35] F. Schreiber, Prog. Surface Sci. **65** (2000) 151.

[36] M. DeWild, S. Berner, H. Suzuki, H. Yanagi, D. Schlettwein, S. Ivan, A. Baratoff, H.J. Guentherodt, T.A. Jung, ChemPhysChem **3** (2002) 881–885.

[37] J.A. Theobald, N.S. Oxtoby, M.A. Phillips, N.R. Champness, P.H. Beton, Nature **424** (2003) 1029–1031.

[38] J. Cai, P. Ruffieux, R. Jaafar, M. Bieri, T. Braun, S. Blankenburg, M. Muoth, A.P. Seitsonen, M. Saleh, X. Feng, K. Müllen, R. Fasel, Nature **466** (2010) 470–473.

[39] Y.-C. Chen, T. Cao, C. Chen, Z. Pedramrazi, D. Haberer, D.G. de Oteyza, F.R. Fischer, S.G. Louie, M.F. Crommie, Nature Nanotech. **10** (2015) 156–160.

[40] P. Ruffieux, S. Wang, B. Yang, C. Sánchez-Sánchez, J. Liu, T. Dienel, L. Talirz, P. Shinde, C.A. Pignedoli, D. Passerone, T. Dumslaff, X. Feng, K. Müllen, R. Fasel, Nature **531** (2016) 489–492.

[41] E. Winfree, F. Liu, L.A. Wenzler, N.C. Seeman, Nature **394** (1998) 539.

[42] W.M. Shih, J.D. Quispe, G.F. Joyce, Nature **427** (2004) 618.

[43] P.W.K. Rothemund, Nature **440** (2006) 297.

[44] H. Yan, S.H. Park, G. Finkelstein, J.H. Reif, T.H. LaBean, Science **26** (2003) 1882.

さらに詳しく学ぶための書籍

真空技術全般

- 堀越源一：真空技術，東京大学出版 (1994).
- 本河光博・三浦登編：実験物理学講座〈2〉基礎技術 II 実験環境技術，丸善 (1999).
- 日本化学会編：第 5 版 実験化学講座〈2〉基礎編 II 物理化学（上），丸善 (2003).

表面科学の基礎的な全体像

- 小間篤，塚田捷，八木克道，青野正和：表面科学入門，丸善 (1994).

- 日本化学会編：第5版 実験化学講座〈24〉表面・界面，丸善 (2007).

結晶構造
- C. キッテル：固体物理学入門　第8版，丸善 (2005). など

表面構造
- 黒田司：結晶・表面の基礎物性，日刊工業新聞 (1993).
- K. Oura, V.G. Lifshits, A.A. Saranin, A.V. Zotov, M. Katayama: Surface Science, An Introduction, Springer (2003).

表面の解析技術
- 日本化学会編：第5版 実験化学講座〈24〉表面・界面，丸善 (2007).
- 小間篤編：実験物理学講座〈10〉表面物性測定，丸善 (2001).
- 小間篤，塚田捷，八木克道，青野正和：表面科学入門，丸善 (1994).
- K. Oura, V.G. Lifshits, A.A. Saranin, A.V. Zotov, M. Katayama: Surface Science, An Introduction, Springer (2003).

電子線回折
- 日本表面科学会編：ナノテクノロジーのための表面電子回折法，丸善 (2003).

走査型プローブ顕微鏡
- 日本表面科学会編：ナノテクノロジーのための走査プローブ顕微鏡，丸善 (2002).
- 重川秀実，吉村雅満，坂田亮，河津璋：走査プローブ顕微鏡と局所分光，裳華房 (2005).
- C.J. Chen: Introduction to Scanning Tunneling Microscopy 2nd ed., Oxford Univ. Press (2008).

光電子分光
- 日本表面科学会編：X線光電子分光法，丸善 (1998).
- 髙桑雄二編：X線光電子分光法，講談社 (2018).

分子の構造や化学結合
- 原田義也：量子化学（上），裳華房 (2007). など

自己組織化膜
- 日本化学会編：第5版 実験化学講座〈28〉ナノテクノロジーの化学，丸善 (2007).
- R. Waser 編，木村達也訳：ナノエレクトロニクス，オーム社 (2006).

単一電子トンネリング，量子ドット
- 春山純志：単一電子トンネリング概論—量子力学とナノテクノロジー，コロナ社 (2002).
- 榊裕之，横山直樹：ナノエレクトロニクス，オーム社 (2004).
- R. Waser 編，木村達也訳：ナノエレクトロニクス，オーム社 (2006).

索 引

英 数

AES　95

AFM　82

B–A ゲージ　32

CNT　126

EDS　65

EDX　65

EPMA　65

LB 膜　130

LEED　68

MWCNT　126

PES　95

π 結合　118

RHEED　72

SAM 膜　132

SEM　58

SET　107

sp^2 混成軌道　117

sp^3 混成軌道　117

sp 混成軌道　119

STM　76

STS　79

SWCNT　126

TEM　61

UPS　95

WDS　65

WDX　65

XPS　95

X 線光電子分光　95

あ 行

アドアトム　47

油拡散ポンプ　26

イオンゲージ　31

イオン結合　124

イオンポンプ　28

一定高さモード　77

一定電流モード　78

ウッドの記法　40

エネルギー分散型 X 線分析　65

エピタキシャル量子ドット　110

エワルド球　68

オージェ過程　94

オージェ電子　94

オージェ電子分光　95

か 行

界面活性剤　129

ガウス関数　17

加熱　52

カーボンナノチューブ　126

カンチレバー　83

軌道角運動量量子数　141

基本逆格子ベクトル　43

基本格子ベクトル　43

基本並進ベクトル　43

逆格子　44

逆格子点　44

逆格子ベクトル　44

逆格子ロッド　45

逆マグネトロン型　33

吸着　34

吸着原子　47

球面調和関数　141

共有結合　115

行列記法　40

極高真空　13

キンク　47

グラファイト　125

グラフェン　125

グラフェンナノメッシュ　126
グラフェンナノリボン　126
クーロンブロッケード　105
結晶面　37
原子間力顕微鏡　82
高真空　13
光電子分光　95
コールドカソードゲージ　33
コロイド状量子ドット　110
混成軌道　115
コンタクトモード　84

さ 行
最確速度　19
紫外線光電子分光　95
磁気量子数　141
自己組織化　128
自己組織化単分子膜　132
仕事関数　48
斜方格子　39
主量子数　142
真空　12
真空チャンバー　34
真空度　12
真空ポンプ　25
親水性　129
水素結合　122
ステップ　47
スパッタイオンポンプ　28
スパッタリング　52
スペクトル　92
正方格子　39
成膜　52
走査型電子顕微鏡　58
走査型トンネル顕微鏡　76
走査型トンネル分光　79
疎水性　129

た 行
多層 CNT　126
タッピングモード　84
脱離　34
ターボ分子ポンプ　27

単位格子　37
単一電子トランジスタ　107
単一電子トンネル現象　104
単位法線ベクトル　44
単純格子　39
単層 CNT　126
チタンサブリメーションポンプ　30
中真空　12
超高真空　13
超構造　40
長方格子　39
低エネルギー電子線回折　68
低真空　12
テラス　47
電気陰性度　48, 122
電子線回折　65
電子線マイクロアナライザ　65
透過　34
透過型電子顕微鏡　61
トップダウン　100
トポグラフィー　78
トンネル効果　80

な 行
ナノテクノロジー　1
粘性流　13
ノンコンタクトモード　85

は 行
配位結合　122
波数　45
波長分散型 X 線分析　65
反射高エネルギー電子線回折　72
表面緩和　42
表面再構成　42
表面準位　49
表面超構造　40
ピラニゲージ　31
ファン・デル・ワールス力　82
フォースカーブ　87
ブラベ格子　39
フラーレン　126
フランジ　35

分光　92
分子軌道法　121
分子流　13
平均自由行程　22, 56
平均相対速度　19
平均速度　19
平均二乗速度　19
劈開　52
ベーキング　35
ペニング型　33
方位量子数　141
放射光　98
ボトムアップ　100

ま 行
マックスウェル分布　14

マックスウェル‐ボルツマン分布　14
ミラー指数　37
面心格子　39
面心長方格子　39

ら 行
ラングミュア‐ブロジェット膜　130
リーク　34
粒子流　14
流体　13
量子ドット　109
両親媒性　130
レナード・ジョーンズポテンシャル　83
ロータリーポンプ　25
六方格子　39

著者略歴

鈴木仁（すずき・ひとし）

1988 年	東京工業大学理学部応用物理学科卒業
1993 年	東京工業大学大学院理工学研究科後期博士課程修了
1993 年	郵政省通信総合研究所（独立行政法人情報通信研究機構）主任研究員，在外研究員（バーゼル大学），プランニングマネージャーなどを経て
2007 年	広島大学大学院先端物質科学研究科（現 先進理工系科学研究科）准教授現在に至る博士（理学）

ナノテクノロジーの基礎

2024 年 1 月 16 日　第 1 版第 1 刷発行

著者　　　鈴木仁

編集担当　富井　晃（森北出版）
編集責任　藤原祐介（森北出版）
組版　　　プレイン
印刷　　　エーヴィスシステムズ
製本　　　ブックアート

発行者　　森北博巳
発行所　　森北出版株式会社
　　　　　〒102-0071　東京都千代田区富士見 1-4-11
　　　　　03-3265-8342（営業・宣伝マネジメント部）
　　　　　https://www.morikita.co.jp/

© Hitoshi Suzuki, 2024
Printed in Japan
ISBN978-4-627-71091-7